Schweinswale

Schweinswale

Die kleinen Vettern der Delfine

Dr. Claudia Hangen

Mit Beiträgen von

Johannes Albers

Dr. Harald Benke

Dr. Florian Graner

Lothar Hennemann

Dr. Jens Koblitz

Dr. Andreas Pfander

Dr. Ralf Sonntag

Ursula Tscherter

Denise Wenger

mit 92 Fotos und 30 Grafiken

Titelfotos: © Florian Graner

Autorenfoto Umschlagrückseite: © Martin Hangen

ISBN: 978-3-89432-139-0

Lektorat: Dr. Günther Wannenmacher · www.lektorat-wannenmacher.de
Satz und Layout: ISM Satz- und Reprostudio GmbH
Herstellung: Westarp & Partner Digitaldruck. Printed in Serbia.

Vorwort

Ein Buch über Schweinswale zu schreiben ist sicherlich nicht leicht. Sie sind im offenen Meer schwer zu erforschen. Viele Walarten, auch die Schweinswale, unternehmen zudem Wanderungen und sind nur saisonal an bestimmten Punkten von Meeresküsten, Meeresgebieten oder Fjorden anzutreffen. Die Forschung lässt über diese verspielte und flinke kleine Walart noch viele Fragen offen, wie beispielsweise die Frage, woran genau sich die Schweinswale orientieren, wenn sie über weite Strecken auf ihren Wanderungen durch das dunkle Meer ziehen.

Das Thema Schweinswale taucht seit einiger Zeit immer wieder in den Medien auf. Dies aus unterschiedlichen Gründen: einerseits, weil sie die einzigen echten heimischen Wale in deutschen Meeresgewässern sind und vor Sylt und anderen Küstenstellen immer wieder von Besuchern oder Badegästen gesehen und beobachtet werden; andererseits, weil Schweinswale jährlich ab dem Frühjahr in den großen Flüssen Norddeutschlands wie der Elbe auftauchen, aber auch in England in der Themse oder in Frankreich in der Seine und der Garonne.

Der Schweinswal hat zurück in die Flüsse und Flussmündungen gefunden, in Habitate, wie sie vor 50 Millionen Jahren am Beginn der Walentwicklung standen. Denn die Urwale lebten noch amphibisch, waren Räuber etwa in der Größe eines Wolfes. Forscher haben Urwalknochen in Pakistan entdeckt und festgestellt, dass diese Wale an Land gelebt hatten, aber gerne die Flussmündungen aufsuchten, um zu jagen. So gibt es viele erstaunliche Einzelheiten um diese Walart, die in diesem Buch unter verschiedenen Aspekten zusammengetragen werden.

Das Buch möchte dazu beitragen, die Schönheit und Einmaligkeit dieser kleinen heimischen Wale zu beleuchten – ohne einen Anspruch auf Vollständigkeit zu erheben –, aber auch auf die Aspekte der Gefahren und des Schutzes hinweisen.

Darüber hinaus wird auf Fragen der Evolution, der Systematik, der Verhaltensweisen und Biologie der kleinen Meeressäuger eingegangen. Wer war der erste Urwal, gab es nur einen oder mehrere Urwale? Wie sahen er/sie aus? Wie fühlt sich die Haut der Schweinswale an? Was macht sie unter Wasser so schnell? Können Schweinswale unter Wasser gut sehen? Wozu dient ihr Bio-Sonar? Wie werden Schweinswale geboren?

Besonders die (Verhaltens-)Forschung über Schweinswale und ihre Habitate bringt sehr viel Licht in bisher unbeantwortete Fragen, wie die Frage des Gruppenverhaltens. Jagen die Tiere alleine oder lieber in Gruppen? Was führt zu ihrer Vergruppierung? Warum können Schweinswale Treibnetzen ausweichen, nicht aber Stellnetzen? Wo können Urlauber und Besucher Schweinswale an deutschen Küsten live beobachten? Sind Schweinswale zutraulich wie Delfine? Wie kann man den Bestand der Tiere in Nord- und Ostsee erfassen? Welche bewährten Zählmethoden gibt es? Was macht man, wenn man einen Schweinswal sichtet? An wen kann man sich wenden, wenn man sich im Schweinswalschutz engagieren möchte? Wer kümmert sich um kranke und verletzte Schweinswale?

Auch wenn in diesem Buch auf viele dieser Fragen eine Antwort gegeben wird, bleibt noch viel über Schweinswale zu lernen, zu erfahren und zu erforschen. Denn obgleich Schweinswale weniger bekannt sind als Delfine, sind sie nicht minder interessant und intelligent.

Begleitet hat mich auf meiner Faktensammlung über die kleinen Wale unserer Meere besonders der Schweinswalspezialist der Gesellschaft zum Schutz der Meeressäugetiere, Dr. Andreas Pfander, der über ein tiefgründiges Wissen u. a. zur Haut und Intelligenz der Schweinswale sowie zur Beobachtung und zu Schutz und Gefährdung der Schweinswale in der Ostsee verfügt. Dr. Pfander zählt seit den 1990er-Jahren die kleinen Meeressäuger vor der Kieler Bucht und hat sich ein unschätzbares Wissen über sie angeeignet. Auch der Germanist und Walexperte Johannes Albers, seit 1984 ehrenamtlich für Greenpeace aktiv, unterstützte tatkräftig dieses Buch durch seine kritische Durchsicht der Kapitel sowie seine Expertise zu vielen Einzelaspekten, besonders zum Thema der Evolution.

Und wer mehr über die kleinen Wale live erfahren möchte, kann die lebendigen Vorträge des Meeresbiologen und ehrenamtlich tätigen Aktivisten für Greenpeace, Lothar Hennemann, besuchen, die er u. a. im Ozeaneum Stralsund sowie in der Hamburger Greenpeace-Zentrale hält. Des Weiteren sei allen Schweinswal-Expertinnen und -Experten sowie den damit verbundenen Institutionen sehr herzlich für ihre Unterstützung in Text, Bild und der Interpretation der Fragen und Fakten des Buches gedankt. Auch möchte ich Herrn Michael Wolf, Verleger der Neuen Brehm-Bücherei, sehr herzlich danken, dass er das Thema akzeptierte und bei der Beschaffung von Bildmaterial behilflich war. Ebenso danke ich Herrn Dr. Günther Wannenmacher für seine fachlichen Hinweise und das Lektorat des Manuskripts sehr herzlich.

Hamburg, im Frühjahr 2016

Dr. Claudia Hangen

Inhaltsverzeichnis

1 Who is who? – Schweinswale im Überblick

Die Schweinswale gehören zu den kleinsten Vertretern der Wale. Die Ordnung der Wale (Cetaceae) wird in zwei Unterordnungen unterteilt: die Bartenwale (Mysticeti) und die Zahnwale (Odontoceti). Die Schweinswale gehören zur letztgenannten Unterordnung. Innerhalb der Zahnwale werden sie zur Überfamilie der Delfinartigen (Delphinoidea) gezählt, lassen sich aber von den eigentlichen Delfinen (Familie Delphinidae) beispielsweise aufgrund ihres verbreiterten Schädels gut als eigene Familie Phocoenidae abgrenzen.

Systematische Einordnung der Schweinswale:

Klasse: Säugetiere (Mammalia)

Ordnung: Wale (Cetacea)

Unterordnung: Zahnwale (Odontoceti)

Überfamilie: Delfinartige (Delphinoidea)

Familie: Schweinswale (Phocoenidae)

In die Familie Phocoenidae werden die sechs folgenden Arten eingeordnet (nach SCHULZE 1996):

Familie der Schweinswale (Phocoenidae)	Wissenschaftlicher Name	Farbe	Vorkommen	Größe	Merkmale
Gewöhnlicher Schweinswal	*Phocoena phocoena*	grau, braun, schwarz, weiß	Nord- und Ostsee, flache Meeresbereiche bis 200 m, Fjorde (Atlantik, Pazifik) Nordhalbkugel	1,40-1,50 m	meist in kalten Gewässern
Burmeister-Schweinswal	*Phocoena spinipinnis*	schwarzgrau	Südhalbkugel, Küsten Südamerikas	1,40 m	Finne weiter hinten am Rücken
Brillenschweinswal	*Phocoena dioptrica*	dunkelgrau-schwarz	Südhalbkugel, vor Feuerland, Südamerika	bis 2,25 m	einen Kreis um das Auge

Familie der Schweinswale (Phocoenidae)	Wissenschaftlicher Name	Farbe	Vorkommen	Größe	Merkmale
Kalifornischer Schweinswal	*Phocoena sinus*	grau-weiß	Golf von Kalifornien		kleinster Vertreter
Dall- oder Weißflanken-schweinswal	*Phocoenoides dalli*	schwarz-weiß	vor Alaska, Pazifik, Atlantik, Japan	bis 2,20 m	schnellster Vertreter (50 km/h)
Glattschweinswal	*Neophocaena phocaenoides*	weiß-grau	asiatische Gewässer	1,2-1,9 m	keine Finne

1.1 Gewöhnlicher Schweinswal

Der Gewöhnliche Schweinswal kommt in allen Küstengebieten der Nordhalbkugel vor und ist bei Weitem der häufigste Wal in der Nord- und Ostsee (mehr zur Verbreitung siehe Kapitel 3 und Verbreitungskarte Seite 27). Gewöhnliche Schweinswale werden im Idealfall bis zu 20 Jahre alt und weisen besondere Eigenschaften auf. Im Unterschied zu den Delfinen ragt am Kopf keine schnabelförmige Schnauze hervor. Vielmehr ist der Kopf von der Schnauzenspitze bis zum Blasloch abgerundet. Die Finne gleicht einem Dreieck.

Nach der Geburt sind die Schweinswalbabys rund 80 Zentimeter groß. Die ausgewachsenen Weibchen sind ein wenig größer (rund 1,50 Meter) als die Männchen (rund 1,40 Meter). Die Weibchen sind mit rund 57 Kilogramm im Durchschnitt auch etwas schwerer als die Männchen (rund 48 Kilogramm).

Der in der Nord- und Ostsee vorkommende Gewöhnliche Schweinswal.
Foto: Florian Graner.

1.2 Burmeister-Schweinswal

Verbreitungsgebiet des Burmeister-Schweinswals. Grafik: Elisabeth Galas.

Der Burmeister-Schweinswal lebt an den Küsten Südamerikas. Er wird nicht viel größer als 1,40 Meter und ist zwischen 40 und 70 Kilogramm schwer. Er taucht vor Brasilien, Feuerland und Peru auf. Sein Körper ist dunkelgrau gefärbt. Im Unterschied zum Gewöhnlichen Schweinswal setzt seine Finne weiter hinten am Rückgrat an. Dieser Schweinswal kann bis zu drei Minuten tauchen und ist besonders scheu gegenüber Menschen und Fischerbooten. Er springt – im Unterschied zu den Gewöhnlichen Schweinswalen – nicht in die Luft. Seine Hauptnahrung sind Tintenfische und Schwarmfische. Benannt wurde er nach seinem Entdecker, dem in Stralsund geborenen Meeresbiologen und Naturwissenschaftler Carl Hermann Conrad Burmeister (1807-1892).

! Carl Hermann Conrad Burmeister wirkte zunächst an der Martin-Luther-Universität Halle-Wittenberg und war ein Freund des Naturforschers Alexander von Humboldt. Humboldt hatte seine Reisen in Mittel- und Südamerika mitfinanziert. Doch Burmeisters zoologischen Sammlungen wurde bei seiner Rückkehr wenig Beachtung geschenkt. Als er von einer Stelle als Museumsdirektor in Buenos Aires erfuhr, bewarb er sich auf die Stelle und bekam sie. So wanderte er nach Argentinien aus.

Gewöhnlicher Schweinswal

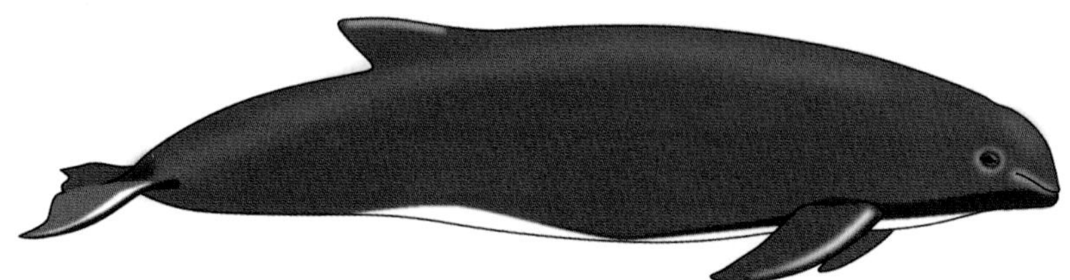

Burmeister-Schweinswal

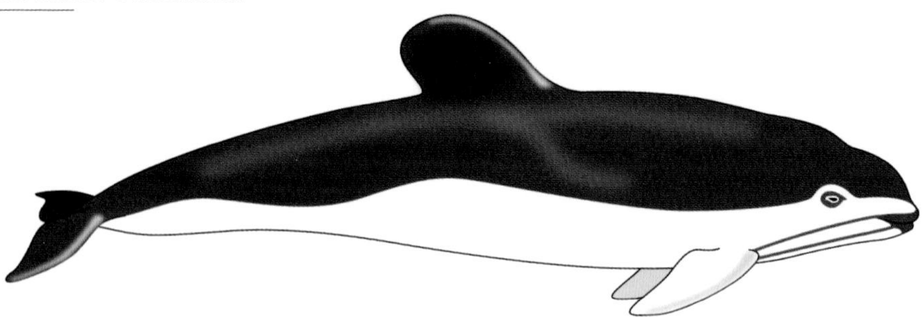

Brillenschweinswal

5 cm = 1 m

Kalifornischer Schweinswal

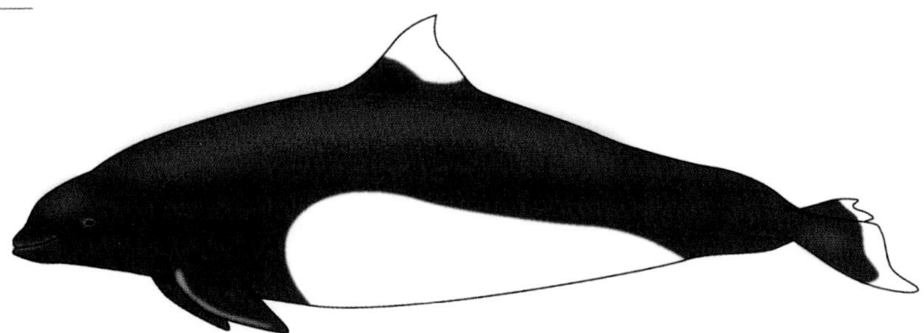

Weißflankenschweinswal

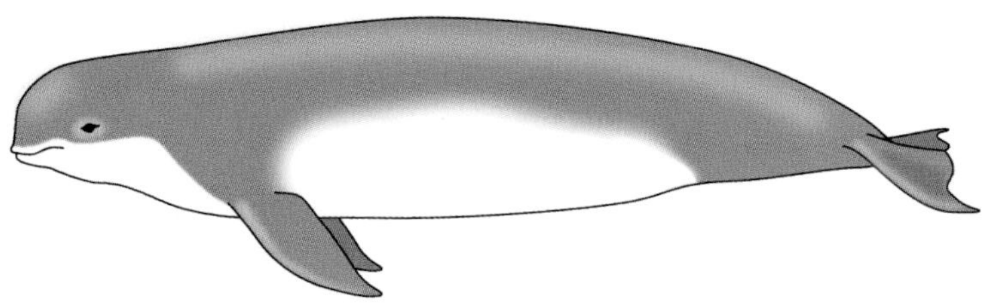

Glattschweinswal

Grafiken: ELISABETH GALAS.

1.3 Brillenschweinswal

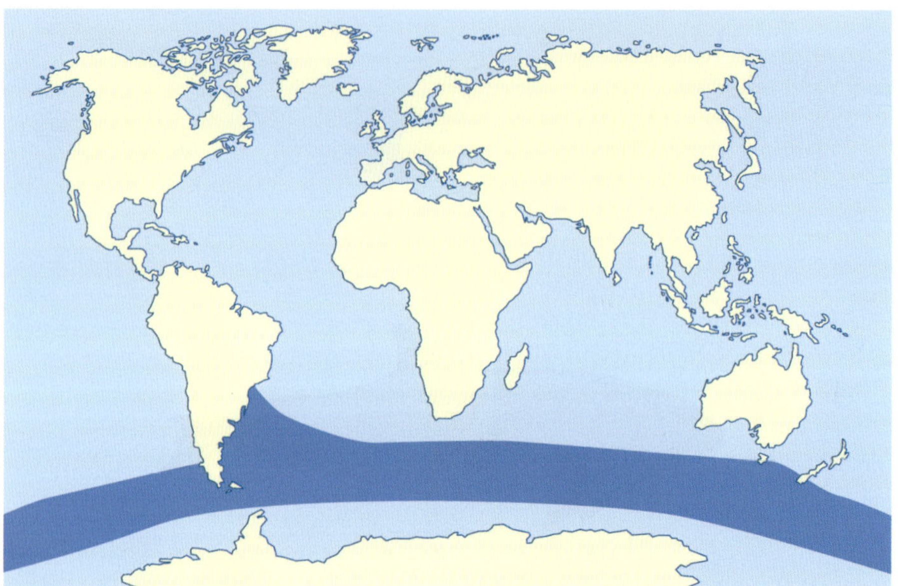

Verbreitungsgebiet des Brillenschweinswals. Grafik: Elisabeth Galas.

Unter den Schweinswalen ist der Brillenschweinswal zusammen mit dem Weißflankenschweinswal der größte. Die Männchen werden bis zu 2,20 Meter groß und bis zu 80 Kilogramm schwer. Besonders auffällig ist ein weißer Ring um seine Augen, der ihm auch den Namen gibt. Brillenschweinswale leben in den Ozeanen der Südhalbkugel, beispielsweise vor den Küsten Südamerikas, aber auch vor Neuseeland, Australien und im indischen Ozean. Sie sind dunkelblau bis schwärzlich gezeichnet und an ihrer Schwanzflosse prangt zu beiden Seiten ein grauer Fleck.

Verbreitungsgebiet des Kalifornischen Schweinswals. Grafik: Elisabeth Galas.

1.4 Kalifornischer Schweinswal

Der Kalifornische Schweinswal ist eine seltene Walart, die auch als Golftümmler oder Vaquita (spanisch = kleine Kuh) bezeichnet wird. Sein Name hängt mit seinem eingeschränkten Verbreitungsgebiet zusammen, da er nur im Golf von Kalifornien vorkommt. Er lebt in den seichten, trüben, warmen und fischreichen Lagunen entlang der nördlichen Küstenlinie der Baja California. Die Wassertemperatur des Golfs liegt ganzjährig über 20 Grad Celsius (im Februar bei 21, ab April bei 25 und im Sommer bis zu 29 Grad Celsius). Dies sind die besten Tauchtemperaturen nicht nur für den ortsansässigen kleinen Schweinswal. Der Kalifornische Schweinswal ist hier heimisch und sucht deshalb nur die nördlichste Inselküste auf. Innerhalb der Familie der Schweinswale ist er mit am kleinsten und wird nur 1,50 Meter groß und rund 50 Kilogramm schwer.

Der Kalifornische Schweinswal gilt als akut vom Aussterben bedrohte Tierart aufgrund des Fischfangs mit Nylonfischernetzen. 2008 hat man nur noch 150 Exemplare dieser Schweinswalart gezählt. Kevin Heath, ein Autor von Wildlife News, befürchtete in einem im Februar 2015 erschienenen Artikel (Heath 2015), dass diese Meeressäugetierart in nächster Zeit von der Erde verschwinden wird. Der Autor berief sich bei seiner Einschätzung auf Informationen der Schutzorganisation CIRVA (Comité Internacional Para La Recuperación de la Vaquita), die 2012 mitteilte, dass nur noch 200 Individuen von der Walart übrig seien.

Mexikanische und britische Umweltschutzorganisationen gehen gegenwärtig von einer Anzahl von nur noch 83 Kalifornischen Schweinswalen aus. Die Organisationen glauben, dass die kleine Walart bis 2018 ausstirbt. Zusammen mit dem Jangtse-Delfin wäre es die zweite Walart, die in der Menschheitsgeschichte verschwindet.

Die Fischer werfen die Nylonnetze eigentlich zum Fang des großen Totoabas aus. Sie haben es auf dessen Schwimmblase abgesehen, die in chinesischen Fischrestaurants als Delikatesse angeboten wird. Dafür werden in China immense Summen gezahlt, die bei 8.500 US-Dollar und mehr liegen. Obgleich der Totoaba seit 1975 in Mexiko nicht mehr gejagt werden darf, fahren örtliche Fischer mit dem illegalen Fang und Handel der ebenso bedrohten Fischart im Golf von Kalifornien fort. Mit dem Fang eines einzigen Totoabas können sie die Hälfte ihres Jahresumsatzes erzielen.

Im Juli 2014 fand das 65. Treffen der Internationalen Walkommission zur Rettung des Kalifornischen Schweinswals statt, bei dem die mexikanische Regierung dringend aufgefordert wurde, schnell Maßnahmen zur Einrichtung eines Meeresschutzgebietes sowie ein Stellnetzverbot in der Region einzuleiten, um das Leben der wenigen verbleibenden Kalifornischen Schweinswale zu schützen. Allerdings müsste es eine konzertierte Aktion zwischen Mexiko, den USA und der Volksrepublik China geben, damit diese Walart noch gerettet werden kann.

Am 24. August 2015 hat sich die mexikanische Regierung mit einer offiziellen CITES-Meldung (cites.org 2015) aufgrund des starken internationalen Drucks von NGOs und internationalen Walschutzorganisationen auf den Schutz des Kalifornischen Schweinswals eingelassen. Im Schutzgebiet ist für zwei Jahre kommerzieller Fischfang verboten. Mithilfe der Marine und Drohnen soll das Gebiet überwacht werden. Staatspräsident Enrique Pena Nieto erklärte sich zudem bereit, Ausgleichszahlungen für die Fischer in Höhe von 460 US-Dollar pro Monat zu leisten. Wie effizient die Regierungsmaßnahme zum Fischereiverbot sowie die angekündigten Kontrollen sind, steht allerdings auf einem anderen Blatt.

1.5 Dall- oder Weißflankenschweinswal

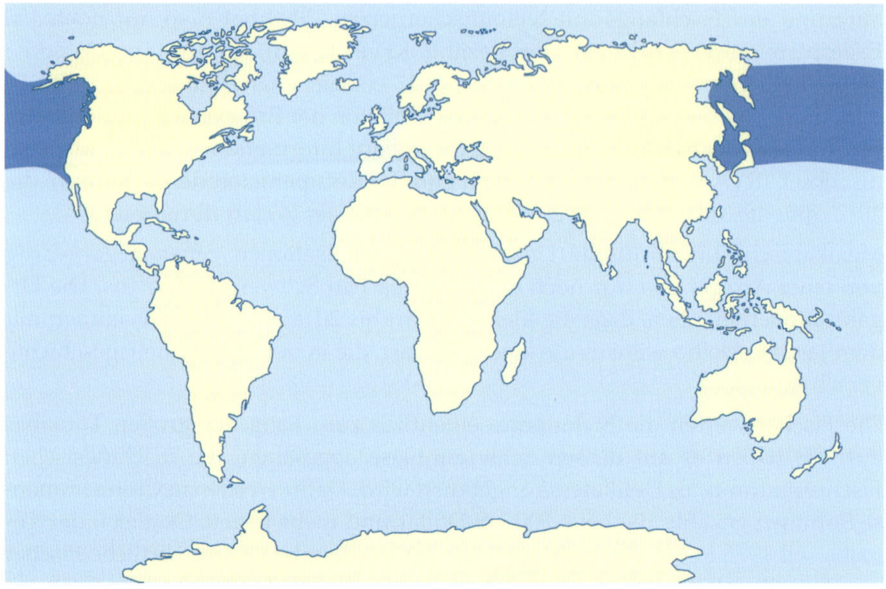

Verbreitungsgebiet des Dall- oder Weißflankenschweinswals. Grafik: Elisabeth Galas.

Der Weißflankenschweinswal wird auch als Dall-Hafenschweinswal bezeichnet, benannt nach dem Paläontologen und Naturforscher William Healey Dall (1845-1927), der Alaska erforschte und dabei die Wale gesichtet haben muss. Die Wale kommen im Pazifik, Niederkalifornien, Nordpolarmeer, im Beringmeer, aber auch südlich davon, besonders um Japan herum, vor. Der Weißflankenschweinswal kann eine Größe von bis zu 2 Metern erreichen und 200 Kilogramm schwer werden. Der innerhalb der Familie der Schweinswale schwerste Wal weist an der kleinen Rückenflosse eine weiße Färbung auf, auch seine Flanken sind weiß, ebenso wie der Saum seiner Schwanzflosse. In den Gewässern Alaskas sieht man ihn in Schulen aus bis zu 20 Tieren gruppiert schwimmen. Häufig reiten die Weißflankenschweinswale auch auf den Bugwellen von Schiffen. Zu sehen sind sie nach ihren Wanderungen auch an den Küsten der USA und der Halbinsel Niederkalifornien vor Mexiko. Da sie mit über 50 Kilometer pro Stunde die schnellsten Wale der Welt sind, fallen sie seltener Räubern wie Haien zum Opfer. Orcas hingegen jagen so effektiv, dass sie häufig auch diese flinken Schwimmer erbeuten können.

Mit Spitzengeschwindigkeiten von 55 km/h ist der Weißflankenschweinswal der schnellste unter den Schweinswalen. Foto: Florian Graner.

1.6 Glattschweinswal

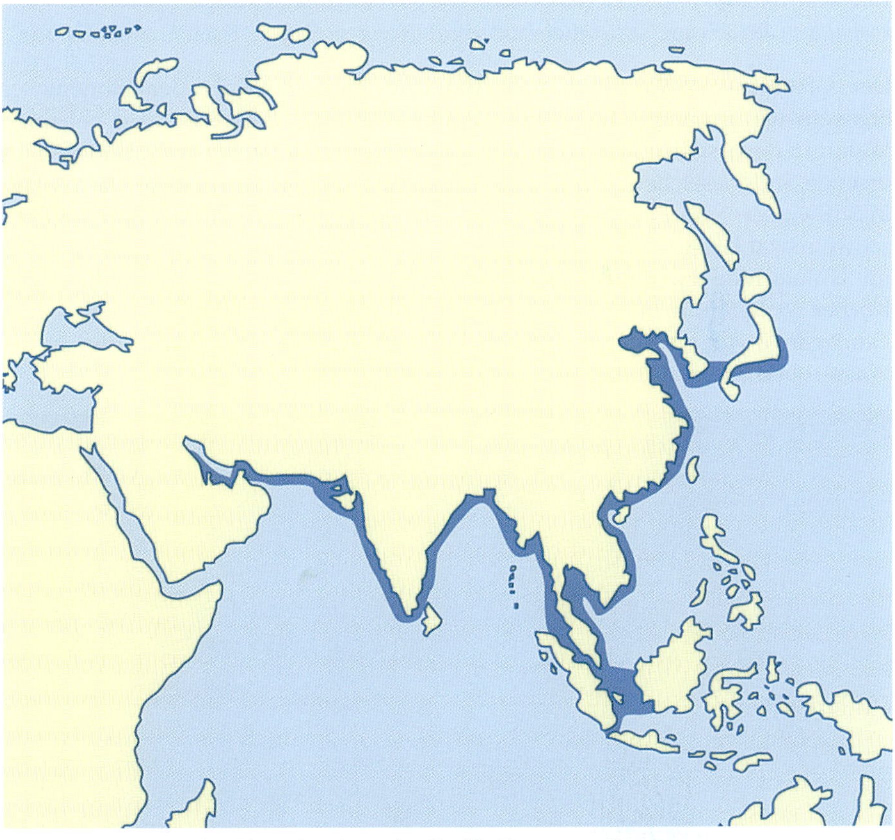

Verbreitungsgebiet des Glattschweinswals. Grafik: Elisabeth Galas.

Diese seltenen Fotos zeigen den Glattschweinswal ganz nah und zutraulich. Normalerweise bekommt man den scheuen Glattschweinswal so gut wie nie zu Gesicht. Fotos: Florian Graner.

Der Glattschweinswal wird auch Indischer Schweinswal oder Finnenloser Schweinswal genannt. Dies hängt damit zusammen, dass die etwas behäbige Walart in den asiatischen Küstengewässern verbreitet ist. Sie kommt in den indischen, indonesischen, chinesischen und japanischen Meeresbereichen sowie in Süßwasser- und Flussgebieten wie dem Jangtsekiang vor. Der Name Glattschweinswal besagt, dass bei dieser Art am Rücken keine Finne vorhanden ist, im Unterschied zu den Artverwandten aus der Familie Phocoenidae. Sein Körper ist hellgrau und mit zunehmendem Alter hell gefärbt. Er liebt kurze Tauchgänge von wenigen Sekunden, um sich dann wieder zum Atmen an die Wasseroberfläche zu rollen.

1.7 Warum heißt der Schweinswal Schweinswal?

Man geht davon aus, dass früher viele Seefahrer den Meeressäuger fälschlicherweise für ein Schwein hielten. Dafür könnte es zwei Gründe gegeben haben: Der Schweinswal hat eine ähnlich breite Zunge wie ein Hausschwein und sein Körper ist – damit er im Meer nicht abkühlt – gepolstert durch eine dicke Fettschicht unter einer gummiartigen Haut.

Rein umgangssprachliche Bezeichnungen für den Schweinswal sind aus früherer Zeit Tümmler oder auch Kleiner Tümmler. Die Norweger nannten ihn Tumler, die Schweden sprachen vom Tumlare. Vor den Küsten Englands wurde er als Pork-fish (Schweinsfisch) bezeichnet, holländische Seefahrer entdeckten in ihm den Bruinvisch (Braunfisch). Andere fanden ihn offensichtlich so possierlich, dass sie ihn schlicht als Meerschwein bezeichneten, vermutlich aufgrund der abgerundeten Schnauze. Die Amerikaner verglichen den Schweinswal sogar mit dem Großen Tümmler und die Dänen und Schweden sahen eine Verwandtschaft mit dem Grindwal. Und so änderte sich die Bezeichnung für den Schweinswal je nach Land, Sprache und individueller Anschauung immer wieder.

Der wissenschaftliche Name des Gewöhnlichen Schweinswals ist *Phocoena phocoena.* Der Name leitet sich aus dem Griechischen ab (phōkē = Robbe). Der Grund dafür ist die Sichtung und die Beschreibung der Kleinwale in der Antike. Der Philosoph ARISTOTELES hat diese Tiere bereits in der Ägäis beobachtet, sie in der Größe und aufgrund ihres Aussehens mit Robben verglichen und ihnen deshalb diesen nicht ganz leicht auszusprechenden Namen gegeben.

CARL VON LINNÉ (1708-1778), ein schwedischer Naturforscher, hat als Erster eine zu seiner Zeit vollständige, bis heutige gültige Sammlung und Namensnennung zoologischer und botanischer Pflanzen- und Tierarten zusammengestellt und veröffentlicht. Nach LINNÉS Nomenklatur (Namensverzeichnis) für Tiere werden die Gewöhnlichen Schweinswale bis heute *Phocoena phocoena* genannt.

2 Typisch Schweinswal

2.1 Anders geformt als ein Delfin

Im Vergleich zum Delfin hat der Schweinswal einen gedrungenen Körper mit einem runden Kopf und eine nur andeutungsweise schnabelförmige Schnauze. Hierbei steht sein Unterkiefer kaum vor. Er besitzt am Ober- und Unterkiefer kräftige Zähne, die gleichmäßig und klein sind, aber eine besondere Form haben: Sie werden im Unterschied zu den Zähnen der Delfine, die kegelförmig sind, als spatelförmig bezeichnet – d. h., sie sehen aus wie ein Ei, das auf dem Kopf steht; die Zähne sind oben rundlich und an der Wurzel langstielig. Hiervon hat er in jeder Hälfte des Kiefers etwa 28 Stück.

Während die Schnauze des Schweinswals (links) rund ist, hat der Delfin (rechts) einen echten Schnabel. Linkes Foto: Florian Graner, rechtes Foto: Laroslava Zubenko.

Das Blasloch des Schweinswals ähnelt in der Form einem Halbmond. Es liegt mittig an der höchsten Erhebung im Kopf. Die Ohren der Schweinswale sind kaum sichtbar. Am Kopf ist als Ohrenansatz nur eine winzige Öffnung zu sehen.

Bei diesem auftauchenden Schweinswal kann man das halbmondförmige Blasloch erkennen. Foto: Ursula Tscherter, ORES.

Die Schwanzflosse ist für sein Fortkommen im Meer kräftig ausgebildet und etwa einen halben Meter breit. Die Brustflossen des Tieres sind oval, laufen aber zum Ende hin spitz zu.

Mit seiner kräftigen Schwanzflosse bewegt sich der Schweinswal elegant durch das Wasser. Foto: Ursula Tscherter, ORES.

2.2 Geschlechtsreife und Geschlechtsunterschiede bei Schweinswalen

Die Schweinswale sind in der Regel mit zwei bis vier Jahren geschlechtsreif. Die im Vergleich zu den Weibchen kleineren Männchen sind dann durchschnittlich 1,31 (1,25–1,35) Meter groß und zwei bis drei Jahre alt. Die Weibchen sind beim Erreichen der Geschlechtsreife mit durchschnittlich 1,44 (1,35–1,56) Metern ein wenig größer und mit drei bis vier (fünf) Jahren auch älter (Kinze & Sörensen 1984, Lockyer 1995, Siebert 1999).

Die geschlechtsreifen Schweinswale lassen sich äußerlich unterscheiden. Bei den Weibchen ist die Genitalöffnung mit der Afterfalte verbunden. Rechts und links sitzen neben der Genitalfalte die Zitzen zum Säugen der Jungtiere; sie sind in Taschen verborgen. Bei den Männchen ist die Genitalöffnung von der Afterfalte dagegen weit entfernt.

2.3 Wie groß und wie alt werden Schweinswale?

Nach der Geburt sind die Schweinswalbabys rund 80 Zentimeter groß. Die ausgewachsenen Weibchen sind ein wenig größer (1,50 bis 1,80 Meter) als die Männchen (1,40 bis 1,50 Meter). Die Weibchen sind mit rund 57 Kilogramm im Durchschnitt auch etwas schwerer als die Männchen (rund 48 Kilogramm).

Schweinswale können bis zu 20 Jahre alt werden, die wenigsten aber erreichen dieses hohe Alter. Denn es gibt viele Gefahren im Meer, denen die Tiere zum Opfer fallen können, sodass viele der Schweinswale nicht älter als zwei bis fünf Jahre werden.

2.4 Gruppenverhalten der Schweinswale

Flugzeugzählungen brachten neue Erkenntnisse über das Gruppenverhalten der Schweinswale. Belegt wurde, dass Schweinswale häufig allein, zu zweit oder zu dritt unterwegs sind. Delfine tauchen dagegen meist in ganzen Schulen auf. In der Nordsee kommen die Schweinswale in Kleingruppen von durchschnittlich etwa 1,2 Tieren (Mutter und Kind) pro Gruppe vor. Frühere Zählungen gingen von einer durchschnittlichen Zahl von 1,65 bis 1,13 (d. h. echten Zweiergruppen) aus. »Ein Grund für das Einzelgängerverhalten der Schweinswale könnte Futterneid sein, damit ihnen kein Rivale etwas wegfrisst«, sagt Meeresbiologe Dr. Ralf Sonntag.

Über die sozialen Beziehungen in Schweinswalgruppen ist bisher recht wenig bekannt. Es ist aber sehr wahrscheinlich, dass männliche Tiere eine nur untergeordnete Rolle spielen und in den Gruppen keine hierarchischen Strukturen ausgebildet sind. Die Männchen suchen nur während der Paarungszeit Kontakt zu weiblichen Tieren und ziehen nach der Paarung wieder als Einzelgänger ihrer Wege (Delgado et al. 2013). Die engsten Beziehungen bestehen gemäß den Beobachtungen in Gefangenschaft zwischen Mutter und Kind. So mag es kaum verwundern, dass zwischen den weiblichen Mitgliedern der Gruppe ein ebenfalls enges Zusammengehörigkeitsgefühl besteht. Echte Kleingruppen setzen sich daher vor allem aus Mutter-Kalb-Paaren zusammen.

Kommen Schweinswale in großen Gruppen vor, wie man es zuweilen in Fjorden, Buchten und der zentralen Ostsee beobachtet, kann das unterschiedliche Gründe haben: Entweder nutzen sie da, wo es vorteilhafter ist, gemeinsam ein großes Futtervorkommen, oder sie gruppieren sich zur Fortpflanzung und Kalbung.

Welchen Vorteil hat es, wenn sich Schweinswale beim Fischfang gruppieren?

Dr. Florian Graner, Meeresbiologe und Tierfilmer: »Nicht alle Meeresgebiete haben die gleichen Fischvorkommen. Ideale Futterfische für die Schweinswale sind fettreiche Schwarmfische wie Sprotten, Sandaale und Heringe. Diese lassen sich besser und effektiver im kooperierenden Team fangen. So sind in den Gebieten, wo Schweinswale diesen Fischen nachstellen können, die Gruppengrößen auch meist deutlich größer, z. B. im Sognefjord oder in der Salischen See/Puget Sound.

In Nord- und Ostsee sind diese Fischschwärme oft überfischt (Industriefischerei etc.) und die Schweinswale mussten zwangsläufig auf andere Nahrung ausweichen. Schollen sind keine großartige Nahrung für Schweinswale – allein schon die weite Körperform der Schollen passt schwer in den Schlund der Tiere –, Grundeln sind auch nicht so prickelnd. Das sind aber tatsächlich heute wichtige Futterfische für die Schweinswale in Nord- und Ostsee. Diese Fische sind keine Schwarmfische und wenn die Nahrung nicht im Schwarm vorkommt, sondern vereinzelt, dann stiehlt man sich ja die Fische unter der Nase weg, wenn man im Team fischt, also besser alleine! Das ist dann auch der Grund, warum diese Schweinswale eher in den Grundstellnetzen hängenbleiben, weil sie alleine den Boden durchforsten!«

3 Verbreitungsgebiet und Wanderungen der Schweinswale

3.1 Überblick über das Verbreitungsgebiet

Man geht davon aus, dass die Schweinswale weit verbreitet sind. Sie führen alljährliche Wanderungen durch, aber noch sind der Forschung die exakten Wanderrouten und die Zeit der Wanderungen nicht genau bekannt. Schweinswale meiden die hohe See; dennoch müssen sie auf ihren Wanderungen manchmal die offenen Ozeanbecken überqueren, um in andere Küstengewässer vorzudringen.

Sie sind bevorzugt in Meeresgebieten nahe der Küste, den nahrungsreichen Flachmeeren, anzutreffen, so in Fjorden, Buchten oder auch in Flussmündungen.

Das nördlichste Vorkommen der Schweinswale reicht von den Kodiak-Inseln bis in die Beringstraße, solange die Meeresgebiete eisfrei sind. Einzelne Schulen wurden aber auch im östlichen Erdteil, im Beringmeer, angetroffen. Nicht selten werden Schweinswale vor den Wrangel-Inseln in der ostsibirischen See gesichtet; im Herbst und im Winter aber auch vor den Küsten Grönlands, an der kanadischen Küste, vor Labrador und Neufundland. Im Frühjahr sind sie häufige Gäste vor der Insel Island.

Die Kartengrafik zeigt das große Verbreitungsgebiet der Gewöhnlichen Schweinswale auf der Nordhalbkugel:

- Nordatlantischer Ozean bis nach Island
- Küsten Norwegens und Schwedens
- Nördlicher Polarkreis, Nordmeer und Barentsee
- Küsten Grönlands
- Labradorsee
- Küsten Neufundlands und Kanadas
- östlich und südlich vor den Küsten Großbritanniens
- Küsten Dänemarks in der Ostsee
- deutsche Küstengebiete

- Baltischer Meerbusen sowie Küsten Finnlands
- Beringmeer
- südliches Norpolarmeer
- Küsten der Aleuteninseln und Kodiak-Inseln
- Beaufortsee

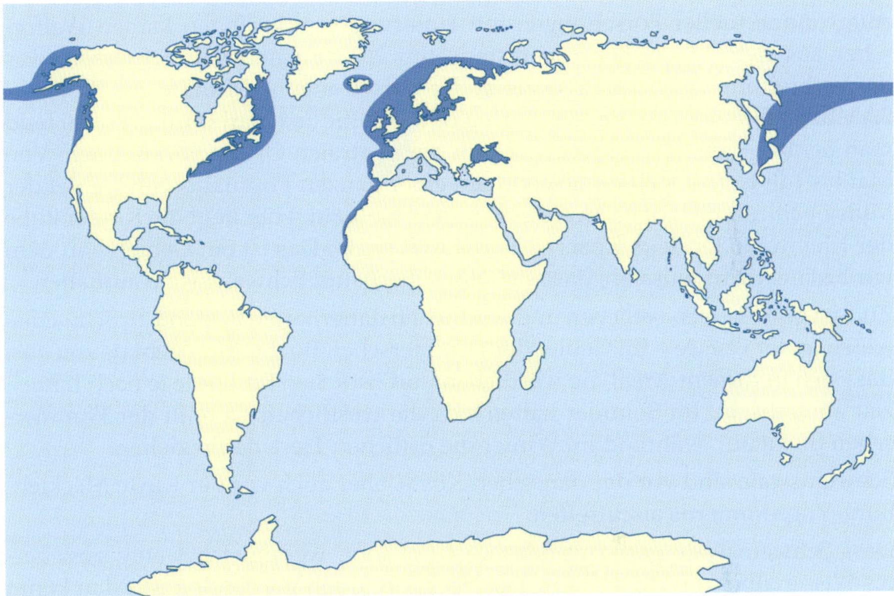

Verbreitungsgebiet des Gewöhnlichen Schweinswals. Grafik: ELISABETH GALAS.

3.2 Wanderungen der Schweinswale in Nord- und Ostsee

In der Ostsee sind die gewöhnlichen Schweinswale ganzjährig vorhanden, dennoch gibt es Gebiete, wo sie vermehrt auftauchen: Das ist u. a. die deutsche Ostsee mit den Gebieten:

- Kieler Bucht (im Winter)
- Flensburger Förde und Kleiner Belt
- westlich der Insel Darß
- Kalbungsgebiet: in der zentralen Ostsee

Grundsätzlich ist die Wanderung der Schweinswale in die Ostsee von diesen Faktoren abhängig:

- Anzahl der Heringsschwärme
- Salzgehalt des Wassers
- Vereisung des Meeres im Winter
- Konzentration von Nahrungstieren

Aufgrund aktueller Forschungen mit Unterwassermikrofonen kamen Walforscher aus dem Deutschen Meeresmuseum 2012 zu neuen Ergebnissen, was die Verbreitung der Schweinswale in der Ostsee angeht. Mithilfe des Projektes SAMBAH (Static Acoustic Monitoring of the Baltic Sea Harbour Porpoise) fand man heraus, dass 447 Schweinswale in der zentralen Ostsee vorkommen: Von Mai bis Juli treffen sich die Individuen einer ganzen Population im Gebiet der Midsjöbank südlich der schwedischen Insel Gotland. Hier liegt die Kinderstube der Kleinwale. Dr. Jens Koblitz (Stralsund) sagt: »Das ist ein Gebiet, von dem wir bislang nicht wussten, dass sich dort überhaupt Schweinswale aufhalten.«

Zudem gibt es einen östlichen und westlichen dauerhaften Bestand an Schweinswalen in der Ostsee – im Gebiet der Pommerschen Bucht. Man geht davon aus, dass sich in diesem Areal die westlichen und östlichen Bestände je nach Jahreszeit abwechseln. Im Sommer halten sich die westlichen Tiere in der Pommerschen Bucht auf, während im Winter die östlichen Tiere dahin ziehen.

Schweinswale sind vor der dänischen Küste, aber auch vor der Küste Mecklenburg-Vorpommerns anzutreffen.

Dass Schweinswale gerne wandern, ist bekannt, wenngleich wenig gesichertes Wissen über die Wanderstrecken der Individuen vorhanden ist. Man kennt vereinzelte Wanderrouten der Schweinswale und kann zwischenzeitlich auch die Veränderungen im Wanderverhalten nachzeichnen. Im Küstenbereich der deutschen Nordsee gab es nach Sichtungen mit Flugzeugen eine Verschiebung: Während Schweinswale immer noch zahlreich im Walschutzgebiet vor Amrum und Sylt vorkommen, sind sie mittlerweile auch vor den Küsten Niedersachsens bis zur holländischen Küste zu beobachten. Der Grund hierfür sind die veränderten Aufenthaltsgebiete und Wanderrouten der Futterfische wie Hering, Kabeljau und Scholle, denen die Schweinswale folgen.

Zuverlässigere Daten sind häufig mit neuen Methoden verbunden. So erlangte das Meeresmuseum in Stralsund bahnbrechende Erkenntnisse mit der Methode der Schweinswal-Klick-Detektoren. Während Flugzeugzählungen wetterabhängig sind, also nicht permanent durchgeführt werden können und zumindest eine gute Sicht auf das Meer voraussetzen, können Unterwasser-Mikrofone permanent eingesetzt werden, auch bei stürmischer See und in der Nacht.

Bisher weltweit einmalig wurde unter der Federführung des Deutschen Meeresmuseums und des Bundesamtes für Naturschutz eine Langzeitstudie über die Schweinswale als einzige in der deutschen Ostsee heimische Walart durchgeführt, um mehr über die Anzahl und Verbreitung der Tiere zu erfahren. Ein weiterer Grund für die Datenerhebung lag in den bisher mangelnden Schutzmaßnahmen zur Erholung der Ostsee-Schweinswale. Ziel war es, die EU-Mitgliedsstaaten zu schnellem Handeln zu bewegen, damit sie Programme zum Schutz der Meere vorlegen. Wie andere EU-Staaten auf den Druck von Nichtregierungsorganisationen (NGOs) und Meeresschutzorganisationen reagieren, ist hierbei noch ein Fragezeichen. Aber für Deutschland wird die Schutzfrage in einigen Küstenbereichen nun konkret. So hat die EU mittlerweile erfolgreich ein Vertragsverletzungsverfahren gegen Deutschland eröffnet, weil es einige Gebiete in der Nordsee zu Natura-2000-Gebieten (wie das Sylter Außenriff) erklärt hat, ohne die Fischerei (die Grundschleppnetz- und Stellnetzfischerei) gleichzeitig in diesem Gewässer zu verbieten. Das Bundesumweltministerium erklärte sich 2015 schließlich bereit, das Sylter Außenriff entsprechend der Richtlinie Flora-Fauna-Habitat (FFH) unter Naturschutz zu stellen (Veit 2015).

Bereits im Jahr 2002 wurden zwölf Unterwasser-Mikrofone (Hydrophone) in unterschiedlichen Gebieten der deutschen Ostsee angebracht. Mit ihnen wurden die Laute der Schweinswale aufgezeichnet und überwacht, um so auf die Anwesenheit der Tiere in unterschiedlichen Meeresgebieten schließen zu können. Die Datensammlung erfolgte von 2002 bis 2012. Wichtigstes Ergebnis der Studie ist, dass sich in der Pommerschen Bucht der Ostsee zwei verschiedene Schweinswal-Gruppen je nach Jahreszeit abwechseln.

Nach Auswertung der Daten der Unterwassermikrofone kann im Wesentlichen in den Gewässern von Mecklenburg-Vorpommern im Spätsommer ein Höchstwert und gegen Ende des Winters ein Kleinstwert ausgemacht werden. Ein Ergebnis, das die These der jahreszeitlichen Wanderung der Schweinswale belegt.

Rückenflosse eines Schweinswals, die so ausgefranst ist, dass man dieses Tier stets wiedererkennen kann. Beltsee 2008. Fotos: Harald Benke.

Schweinswaldetektoren (Hydrophone) bei einem Intrakalibrierungsexperiment in der Ostsee. Foto: Harald Benke.

In der Pommerschen Bucht dagegen werden sowohl im Spätsommer als auch gelegentlich im Winter Höchstwerte erreicht. Die Wissenschaftler schließen aus den Daten, dass Schweinswale während der Sommermonate aus der dänischen Beltsee in die Pommersche Bucht einwandern. Im Winter ziehen andere Tiere aus der zentralen Ostsee hierhin. Die Population der Schweinswale in der zentralen Ostsee wird als akut bedroht eingestuft und steht bereits auf der Roten Liste, da der Bestand auf weniger als 500 Tiere geschätzt wird.

Dr. Harald Benke *mit einer Studentin bei der Ausfahrt zum Auslesen von Daten aus den Schweinswaldetektoren. Foto: Deutsches Meeresmuseum.*

Dr. Harald Benke, Direktor des Deutschen Meeresmuseums, beurteilt die akustischen Aufnahmen als »Weltspitze« (Themendienst Deutsches Meeresmuseum 2014). Ein weiterer Grund für die Datenerhebung liegt in den bisher mangelnden Schutzmaßnahmen zur Erholung der Ostsee-Schweinswale.

3.3 Kalbungsgebiet in der zentralen Ostsee

Vor allem in der zentralen Ostsee waren die Ergebnisse am erstaunlichsten für alle Mitarbeiterinnen und Mitarbeiter des Meeresmuseums Stralsund: Hier haben Meeresbiologen 2011 475 Schweinswale gezählt, die sich in der Zeit der Fortpflanzung und Kalbung von Juni bis September im Gebiet südlich von Gotland geballt aufhielten und Gruppen bildeten. Nach der Fortpflanzung ziehen die männlichen Schweinswale wieder als Einzelgänger ihrer Wege. Die Mutter-Kind-Gruppen bleiben noch eine Weile zusammen. »Diese Nachweise sind genial. Denn jetzt wissen wir, dass hier die Kälber zur Welt kommen. Dass dieses Areal ein Mutter-Kind- und Fortpflanzungsgebiet ist, ist neu. Man kennt das Gruppierungsverhalten der Wale zur Fortpflanzung und Kalbung sonst von den Buckelwalen, die sich vor Hawaii fortpflanzen und ihre Jungen zur Welt bringen«, sagt Dr. Jens Koblitz, der das SAMBAH-Projekt unter Leitung von Museumsdirektor Dr. Harald Benke betreut hat.

Eine Mutter-Kind-Gruppe. Foto: Andreas Pfander.

3.4 Sind Schweinswale Langstreckenwanderer?

Während man in früheren Zeiten noch mutmaßte, dass auch die Schweinswale riesige Strecken zurücklegten, so geht man heute davon aus, dass das – um Energie einzusparen – eher nicht der Fall ist. Vor allem die Satellitentelemetrie gibt inzwischen sicheren Aufschluss über die tatsächlichen Wanderrouten. »Dänische Kollegen haben Schweinswale, die sich in Bundgarnen der Fischerei verheddert haben, mit Satellitentelemetrie-Sendern ausgestattet und wieder ins Meer ausgesetzt. Damit konnte man die Wanderrouten vereinzelter Schweinswale nachzeichnen. Besonders halbstarke Männchen haben in kürzester Zeit weite Strecken, von dänischen Gewässern bis in die Kieler und Mecklenburger Bucht zurückgelegt. Als absoluter Schweinswalexperte in diesen Fragen gilt der Däne Jonas Teilmann«, führt Dr. Harald Benke aus.

Während aber Teilmann vor allem die Routen einzelner, besenderter Tiere nachzeichnen konnte, ist es dem Deutschen Meeresmuseum in Stralsund möglich, die Wanderungen der Masse der Schweinswale über Hydrophone, die an sehr vielen Stellen in der Ostsee ausgebracht werden, nachzuzeichnen. »So können wir die Häufigkeit der Schweinswale in der Ostsee ermitteln. Im Sommer schwimmen viele Schweinswale der Beltsee Richtung Osten nach Mecklenburg-Vorpommern. Im Herbst geht die Wanderroute nach Westen. Beginnen die Gebiete in der zentralen Ostsee zu vereisen, schwimmen die Tiere dieser Region Richtung Westen«, erklärt Benke. Die Schweinswale fühlen die starken Temperaturunterschiede und die damit für sie gefährliche mögliche Vereisung des Meeres über die eingeatmete kalte Luft, die die Lungen der kleinen Wale mit Sauerstoff versorgt. Wenn dann die Mütter mit ihren Kälbern wärmere Gebiete aufsuchen, prägen sich die Jungtiere die Reiseroute dabei ein.

So ist es möglich, dass die kleinen Meeressäugetiere beispielsweise vom Kattegat in den Wintermonaten in die Nordsee wechseln. Oder dass die Population der Bay of Fundy im Golf von Maine zur Winterzeit in die Küstengebiete des US-Bundesstaates New Hampshire zieht (Culik 2011).

3.5 Schweinswale im Mittelmeer und anderswo

Wenige Schweinswale gibt es dagegen im spanischen und portugiesischen Atlantik. Auch im Mittelmeer gibt es heute kaum noch Schweinswale, was zurzeit des Philosophen Aristoteles offensichtlich noch anders war. Sonst hätte Aristoteles keine Gelegenheit gehabt, die Walart zu beschreiben.

Wenige Schweinswale gibt es auch im Schwarzen Meer und im Asowschen Meer. In geringer Anzahl tauchen sie an den Küsten Bulgariens, Rumäniens oder der Türkei auf.

3.6 Einflussfaktoren auf die Wanderung der Schweinswale

3.6.1 Magnetfeld der Erde

Durchqueren Schweinswale die Nordsee von Norden nach Süden, gibt es unterschiedliche Einflussfaktoren, die auf ihren Wanderrouten ausschlaggebend sind. Immer wieder im Gespräch unter Wissenschaftlern ist die Hypothese, ob nicht Erdmagnetfelder eine Orientierungsmarke für die Wale bei ihren Wanderungen in den Ozeanen sind.

Ein selten zu beobachtender Dall-Schweinswal bei seiner Wanderung im Pazifik, vom Schiff aus fotografiert. Sie tauchen nur kurz zum Luftholen auf. Foto: Florian Graner.

Dabei stellen sich Wissenschaftler immer wieder die Frage, ob sich Zahnwale unter Wasser ähnlich wie Vögel in der Luft mit ihrem magnetischen Sinn orientieren können. »Bei Buckelwalen weiß man ganz sicher, dass die Kälber die Wanderrouten durch die Meere erlernen: Das Kalb lernt beim Mitschwimmen mit der Mutter vom Kalbungsgebiet (z. B. vor Hawaii) ausgehend bis zu den Nahrungsgebieten (z. B. die Gewässer vor Alaska) die Route auswendig. Die Schweinswale erkennen die Topographie des Meeresbodens über ihr Echoortungssystem. Ob bei ihrer Routenwanderung auch noch andere Sinne im Spiel sind, wie das Betrachten der Sterne oder das Erkennen von Erdmagnetfeldern, ist wissenschaftlich bisher nicht nachweisbar«, erklärt Dr. Harald Benke, Direktor des Deutschen Meeresmuseums in Stralsund.

»Der Einfluss der Magnetlinien auf die Wanderung der Wale bietet immer wieder Diskussionsstoff. Doch womöglich beeinflusst er auch das Verhalten einiger Wale, die in seichtes Wasser schwimmen und stranden. Häufig sind Wale dann gestrandet, wenn es Tage vorher zu Änderungen des Magnetfeldes kam und die Wale dadurch auf einen falschen Weg und in zu flaches Gewässer gekommen sind, aber das ist nur eine mögliche Hypothese, andere Gründe mögen die zunehmende Verlärmung oder Infektionen sein«, erklärt Meeresbiologe Dr. Ralf Sonntag.

Auch Biologe Dr. Jens Koblitz geht davon aus, dass Magnetfelder die Wanderung besonders der großen Wale (Buckelwale) beeinflussen. Sie ermöglichen seiner Ansicht nach eine Art Geoorientierung. Ob es dafür ein eigenes Organ gebe wie beispielsweise bei Tauben, die bei ihren Flügen Magnetstrahlen über ihre Augen oder Schnäbel auswerten, sei bisher unklar.

3.6.2 Meeresströmung

Ein weiterer Einflussfaktor für die Wanderbewegungen der Wale ist auch die Meeresströmung (kalt und warm). Manche Meerestiere (bspw. Aale) können über besondere Organe wie das Seitenliniensystem die großen Meeresströmungen in den Ozeanen aufspüren, um so in ihre Bestimmungsorte (bspw. Laichorte und zurück in die Süßgewässer wie die Elbe) zu finden. Auf diese Weise wandern die Tiere über riesige Strecken im Meer, orientieren sich stets präzise und finden zielgerichtet in ihre angestammten Lebensräume zurück. Bei Schweinswalen könnte die besondere und empfindliche Haut eine Ursache dafür sein, dass sie kalte und warme Meeresströmungen aufspüren und unterscheiden lernen, um sich nach ihnen zu orientieren. Jungtiere, die mit ihren Müttern größere Distanzen zurücklegen, lernen aber auch über learning by doing, sie prägen sich die Route, die die Mutter ihnen zeigt, einfach ein.

3.6.3 Schall

Möglicherweise können sich Schweinswale am Schall, den natürlichen Geräuschen im Meer orientieren. Hier tritt die Wissenschaft aber auf neues Terrain, das noch untersucht werden muss, um gesicherte Ergebnisse zu erlangen.

Ein Glattschweinswal ortet auch in trüben Gewässern mithilfe von Schall, seiner Echolotfunktion, alle Hindernisse im Wasser. Foto: FLORIAN GRANER.

Bei Fischen jedenfalls weiß man bereits mit Bestimmtheit, dass sie über den Schall eine Art akustische Landkarte erstellen. Wichtige Schallmarken können die Brandung von Wellen sein, aber auch Geräusche von Fischen an Riffen. Ob das bei den Schweinswalen auch so funktioniert, bleibt noch ein Fragezeichen.

3.7 Wie viele Schweinswale gibt es in der Nord- und Ostsee?

Der Naturschutzbund (NABU) in Mecklenburg-Vorpommern, der sich intensiv für den Schutz der Schweinswale einsetzt sowie andere Meeresbiologen geben folgende Schätzungen ab, um die heute noch vorkommenden Schweinswalpopulationen in Zahlen zu fassen:

Es wird geschätzt, dass in der gesamten Nordsee zwischen 231 000 und 300 000 Individuen leben. In der Ostsee ist der Bestand ungleich geringer. Hier wird zwischen der West- und Ostpopulation unterschieden: Während man bei der Westpopulation von ca. 15 000 Tieren ausgeht, ist die Ostpopulation soweit dezimiert, dass sie kurz vor dem Aussterben steht: Hier geht man von weniger als 600 Tieren aus. Die Gründe für den Rückgang sind vielfältig: Der NABU macht »zusammenbrechende Fischbestände durch industrielle Überfischung, Gifte aus intensiver Landwirtschaft und Industrie sowie die zunehmende Lärmbelastung durch Schiffsverkehr, Saugbagger, Offshore-Windparks und Sonar-Nutzung« dafür verantwortlich. Ein effektiver Meeresschutz ist unbedingt geboten, er käme nicht nur den Schweinswalen, sondern auch dem Menschen zugute.

4 Beobachtung von Schweinswalen vor der deutschen Nordsee- und Ostseeküste

Europäische Seefahrer und Walfänger haben Schweinswale schon frühzeitig beobachtet, da sie sich häufig neugierig ihren Schiffen näherten. Jedoch kann man vom Schiff oder vom Ufer aus die Schweinswale nur mit Schwierigkeit sichten: Ihre Finne ist klein; die Wasseroberfläche darf nicht zu bewegt sein, sonst fällt sie im Wellengang des Meeres kaum auf. Dazu kommt, dass der Schweinswal nur für einige Sekunden auftaucht, um zu atmen. In dem Moment sind unter günstigen Wetterbedingungen die Finne und ein Teil seines Rückens sichtbar. Nach dem Atmen rollt er sich abwärts und krümmt dabei seinen Körper, um abzutauchen. Auch die ausgeatmete Luft ist im Unterschied zur Fontäne der Pottwale oder Blauwale kaum sichtbar.

In der Nordsee sind Schweinswale als Einzelgänger zu beobachten. Foto: Schutzstation Wattenmeer.

Trotz eindrucksvoller statistischer Hochrechnungen des Gesamtbestandes von Schweinswalen in der Nordsee, sind Sichtungen der kleinen Meeressäuger für Strandbesucher, Wanderer, Schweinswalfreunde und Interessierte, die nicht gerade Berufsschiffer, Fischer oder Rettungsschwimmer sind, immer noch ein seltenes und aufregendes Ereignis. Entlang der deutschen Küsten und Flussmündungen gibt es nur wenige Punkte, an denen die Sichtungswahrscheinlichkeit aufgrund der lokalen Verteilung der Tiere und des unterschiedlichen Nahrungsangebots besonders gut ist.

4.1 Whale watching vor Sylt

Der Sylter Strand gilt als der beste Ort in Deutschland, um Whale watching direkt vom Strand aus zu betreiben. Der Grund dafür, dass Schweinswale hier recht gut zu beobachten sind, ist der im Unterschied zu anderen Friesischen Inseln (wie etwa Norderney oder der tideabhängigen Insel Juist) der vom Sylter Strand aus abfallende Meeresboden, der vor allem um den Küstenstreifen Hörnum herum eine Tiefe von bis zu 15 Metern erreicht. Diese Meerestiefe bevorzugen besonders Mütter und ihre Kälber, da die Mütter immer wieder für ihre Kälber Nahrung erjagen müssen, während die Kälber an der Wasseroberfläche verharren. Nach erfolgreicher Jagd sucht die Mutter nach dem Kalb und findet es besonders vor den friesischen Inseln wegen seiner Sandbänke leicht wieder.

Wer vom Sylter Weststrand aus aufmerksam die Meeresoberfläche beobachtet, kann besonders gut bei Ostwind, also wenn die See relativ glatt ist, Schweinswale mit bloßem Auge sehen. Die Wale kommen ganzjährig hier vorbei. Zwischen Juni und November kann man Mutter-Kalb-Gruppen sichten, im Frühjahr und Herbst vermehrt Einzeltiere. Im Winter sind nur sehr selten Sichtungen möglich.

Vom Sylter Weststrand aus ist das Schweinswalschutzgebiet, die Kinderstube der kleinen Wale, vor den Inseln Sylt und Amrum sehr schön zu sehen. Foto: Schutzstation Wattenmeer.

Der Blas der Schweinswale sieht aus wie eine feine Regenwolke. Foto: C. JOHN Y. WANG, WDC.

Bei gutem Nahrungsangebot jagen Schweinswale gesellig in kleinen Gruppen. Foto: JOHNNY HENDRIKS, ORES.

Holzhaus der Schutzstation nahe Hörnum auf Sylt. Foto: Archiv Schutzstation Wattenmeer.

Hörnum ist eine kleine, von drei Seiten mit Meer umgebene Gemeinde an der Südspitze Sylts. In ganz frühen Zeiten wurde hier auch einmal Walfang betrieben, heute ist der Ort rein touristisch ausgerichtet. Vor dem Ortseingang hinter einer Randdüne steht ein buntes Holzhaus. Es ist Bestandteil der zahlreichen Nationalparkzentren an der Küste und gehört zur Naturschutzgesellschaft Schutzstation Wattenmeer e. V. Hier arbeiten seit 1974 ganzjährig junge Leute, um u. a. ein Freiwilliges Ökologisches Jahr zu absolvieren.

Katharina ist 20 Jahre alt und kommt aus Dithmarschen. Seit Anfang Juli ist sie in der Schutzstation während ihres Bundesfreiwilligendienstes tätig. »Wir haben drei Hauptaufgaben. Wir leisten praktische Naturschutzarbeit im Gelände, veranstalten naturkundliche Führungen und erfassen wissenschaftliche Daten im Nationalpark Wattenmeer«, sagt sie. Auf die Frage, ob sie auf Sylt schon einmal einen Schweinswal gesehen hat, nickt sie lächelnd. »Ich war im Oktober bei der Sandbank surfen. Als ich mich auf dem Surfbrett so umschaute, bemerkte ich Rückenfinnen im Meer. Das waren Schweinswale, die zum Atmen an die Oberfläche kamen«, erklärt sie. Ihre Kollegin Laura, die ein Freiwilliges Ökologisches Jahr in der Schutzstation verbringt, ergänzt dazu: »Im Sommer sieht man sie manchmal als Schule mit mehreren Tieren. Sie kommen relativ nah an den Strand heran. An der Südspitze habe ich eine Gruppe von sechs Schweinswalen gesehen.«

! Inselbewohner und Biologen sehen und registrieren die kleinen und großen Wale auf Sylt meist erst dann, wenn sie am Strand als Tot- oder Lebendfunde angespült werden. Die Sichtung anderer Wal- und Delfinarten ist vor Sylt eher selten. So kam es bereits vor, dass das größte Raubtier auf dem Planeten Erde, der Pottwal, auf der Höhe von Rantum gesichtet wurde. Ein Ereignis, das viel Aufsehen erregte. Auch die sonst in allen Ozeanen der Welt vorkommenden Finnwale, die bis 26 m groß werden können, 77 t schwer sind und eine Geschwindigkeit im Wasser bis 40 km/h erreichen, wurden vor Sylt gesehen. Diese sind allerdings gestrandet. Im Februar sorgte die Strandung eines über zwei Meter großen Orcakalbes am Rantumer Strand für Aufregung. Mitunter kann es vorkommen, dass auch Weißschnauzen-Delfine, die an ihrer sichelförmigen, nach hinten gebogenen Finne gut zu erkennen sind, in den Gewässern um Sylt auftauchen. Diese Tiere, die im Erwachsenenalter bis 2,75 m groß werden und eine cremefarbene kräftige Schnauze haben, kommen sonst häufig im Nordatlantik, vor Südgrönland, im Sankt-Lorenz-Strom und vor Spitzbergen vor.

Schweinswale im offenen Meer zu beobachten ist, außer vom Sylter Strand aus, nur selten möglich und meist nur Fischern und Kapitänen vergönnt, die sich tagelang auf dem Meer aufhalten. Die Gründe hierfür sind vielfältig:

- Diese Meeressäugetiere sind klein, unauffällig und scheu.
- Sie tauchen nur für kurze Zeit auf, springen selten und dösen im Unterschied zu den großen Walen nicht lange an der Meeresoberfläche.
- Wellen und Reflexionen an der Meeresoberfläche machen ein Beobachten oft schwierig.

Eine Schweinswalmutter mit ihrem Kalb. Zu sehen sind für den Bruchteil einer Sekunde zwei kleine schwarze Finnen, die sich von der Meeresoberfläche abheben. Foto: Ursula Tscherter, ORES.

Wale holen kurz Luft, bevor sie mit einer Rolle abwärts wieder in die Tiefe zum Jagen eintauchen. Foto: C. John Y. Wang, WDC.

Ein guter Sichtungspunkt an der Küste des Nationalparks Niedersächsisches Wattenmeer liegt jenseits der Friesischen Inseln in Wilhelmshaven. Von März bis Juni, vor allem aber im April bestehen gute Chancen, an der Wilhelmshavener »Südküste« zwischen Molenfeuer und Banter Fischerdorf einen Blick auf die Tiere zu erhaschen.

Ein Schweinswal am Südstrand von Wilhelmshaven. Foto: W. Hochstetter, Aquarium Wilhelmshaven.

Ein Schweinswal im Nassau-Hafen von Wilhelmshaven. Foto: Holger Jureczko, GRD.

4.2 Whale watching an der Ostseeküste

Auch Ostseebesucher können – mit Glück – von ausgewählten Punkten der Küste oder von Schiffen aus Kleinwale entdecken. Mehrere Veranstalter bieten Walbeobachtungsfahrten im Kleinen Belt an. Nicht selten kann man hier außer Schweinswalen auch Delfine beobachten, und manchmal, zuletzt im August 2015, schwimmen große Finnwale bei Torö Hus im Kleinen Belt den Heringsschwärmen folgend, um weitere »Finnwalstationen« im Kolding-Fjord, in der Apenradener Bucht, der Flensburger Förde oder in der Eckernförder Bucht aufzusuchen.

Schweinswale können bis auf wenige Meter an den Küstenstrand heranschwimmen. Foto: Andreas Pfander.

Eine Besuchergruppe beobachtet vom Schiff aus Schweinswale, die sich jedoch kaum von der Wasseroberfläche abheben. Foto: Thyge Jensen.

Schweinswalexperte Dr. Andreas Pfander führt aus:

Wirklich prächtige Gelegenheiten, Schweinswalen zu begegnen, gibt es im Großen Belt, gerade außerhalb von Kerteminde. In der Zwischenzeit weiß man aus Flugzählungen, aber auch aus den seit 2002 registrierten Sichtungsmeldungen von Sportbootfahrern, dass es in anderen Teilen der Ostsee ebenfalls Gelegenheit gibt, Schweinswale zu beobachten. Auf den von der Gesellschaft zum Schutz der Meeressäuger (GSM) und seit 2011 dem Bundesamt für Naturschutz (BfN) und dem Deutschen Meeresmuseum veröffentlichten Karten erkennt man eine deutliche Zunahme von Ost nach West und von Süd nach Nord.

Die größte Dichte von Schweinswalen ergibt sich aufgrund der Sichtungsmeldungen 2003-2008 in dänischen Gewässern rund um die Insel Fünen, gefolgt von der Kieler Bucht und den anschließenden Gewässern, die von der Lübecker Bucht bis zum Darß reichen.

Ein Schweinswal südlich der Brücke über den Kleinen Belt bei nicht ganz so idealen Sichtungsbedingungen. Foto: Thyge Jensen.

Das Fjord- und Belt-Center in Kerteminde bietet im Sommer Fahrten zur Schweinswalbeobachtung im Großen Belt an. Sollte es dabei nicht klappen, kann man immerhin im Center die drei dort gehaltenen Schweinswale, Freya, Egil und Sith, beobachten. Eine sehr gute Chance ergibt sich, wie beschrieben, auch im nördlichen Abschnitt des Kleinen Beltes zwischen Snævringen (»die Enge«), Middelfart und Fredericia. Dieser Bereich ist deswegen prädestiniert für Walbeobachtungen, weil es sich – wie es der dänische Name schon sagt – um eine Meerenge handelt. Zum anderen gibt es in diesem Bereich Strömungen mit salzhaltigem, sauerstoffreichem Wasser aus dem Kattegat und einer Ansammlung von aufsteigendem Plankton, was Fische anlockt – und diese wiederum die Schweinswale.

Seit 2007 werden auch regelmäßig Schweinswale in der inneren Flensburger Förde, ja sogar im Flensburger Hafen beobachtet. Während der NAUTICS im Hochsommer 2012 war der Schweinswal mit Informationen zur Biologie, Lebensweise, Bedrohung und einem lebensgroßen Modell auf einem Infostand bei dieser größten maritimen Veranstaltung des Nordens vertreten. Während der dreitägigen Veranstaltung wurden 31 gesichtete Schweinswale gemeldet. Bei der Veranstaltung 2014 vom 15.-17. August wurden bei 15 Beobachtungen wieder insgesamt 32 Schweinswale gesichtet.«

! In der Sommersaison werden mehrere Ausflugsfahrten angeboten, die vom Flensburger Hafen aus starten. Der Weg führt dabei um die Ochseninseln herum. Die Schiffe kehren nach zweistündiger Fahrt wieder zurück. Ein Großteil der Schweinswale wurde dabei auf der Flora 2 von Kapitän Hansen gesichtet. Ein rheinländisches Ehepaar stellte nach zahlreichen Reisen enttäuscht fest, dass es zwar überall in der Welt Wale beobachtet, fotografiert und gefilmt hatte, aber noch nie den heimischen Schweinswal in der Ostsee. Nach Anfragen bei verschiedenen Institutionen landeten sie schließlich bei Kapitän Hansen. Sie reisten an einem Freitag im Juli 2012 an, machten am Sonnabend Aufnahmen von Schweinswalen in der heimischen Ostsee und konnten am Sonntag, nach erfolgreicher Mission, wieder ins Rheinland zurückreisen.

Schweinswalmutter mit neugeborenem Kalb, fotografiert am Ausgang des Flensburger Hafens. Foto: Gert Helmus.

Mittlerweile gibt es viele andere Projekte, die zum Ziel haben, den Schweinswal einer breiteren Öffentlichkeit bekannt zu machen, an der deutschen Ostseeküste. Das reicht vom Deutschen Meeresmuseum in Stralsund bis zum Naturwissenschaftlichen Museum in Flensburg. Dabei ist auf dem Leuchtturm Kalkgrund und in der »Integrierten Station Geltinger Birk« in Nieby ein besonderes Projekt ins Leben gerufen worden. Neben einer informativen Schweinswal-Ausstellung, in dem auch ein montiertes Skelett zu sehen ist, werden auf einem Monitor in einem gesonderten Raum der Station Bilder einer Webcam vom Leuchtturm Kalkgrund übertragen. Der Blickwinkel der Kamera reicht dabei von Gammel-Poel auf der Insel Als im Osten bis in die Geltinger Bucht und Flensburger Förde im Westen. Gespeicherte Aufnahmen kann man auch auf www.webcam-kalkgrund.de/willkommen.html anschauen. Die Webcam hat dabei wahrscheinlich schon häufiger Schweinswale erfasst; eine einwandfreie Identifizierung ist jedoch nur bei gutem Wetter – Windstärke und Seegang 0 bis 2, wenig Sonnenreflexionen – und nicht zu großem Abstand zum Leuchtturm möglich.

Auch mit bloßem Auge war bei idealen Bedingungen am 17. Mai 2014 um 17:26 Uhr eine Schweinswalmutter mit Kind zu erkennen, die östlich am Leuchtturm vorbei geschwommen ist. Aufnahme: Webcam Kalkgrund. Rechteinhaber Andreas Pfander.

Der beste Ort, um von der Ostseeküste aus die Schweinswale im Meer zu beobachten, liegt in Dänemark, an der Nordspitze der zwischen dem Kleinen und dem Großen Belt gelegenen Insel Fünen. Wer auf die Klippe der Nordspitze steigt, die bis zu 50 Meter das Meer überragt, kann die kleinen Wale mit Gewissheit sehen: »Zuerst hört man ein Schnaufen und dann sieht man die Rückenfinnen. Wenn das Meer ruhig ist, kann man die Tiere beim Jagen unter Wasser sehr gut beobachten. Das Meer ist hier flach und nicht tiefer als zehn Meter.

Man sieht sehr gut bis zum Grund«, erzählt Dr. Jens Koblitz, der von diesem Aussichtspunkt in Dänemark aus die Schweinswale selbst beobachtet hat.

»Je weiter man nach Osten in der Ostsee kommt, umso weniger trifft man auf Schweinswale«, erklärt der Biologe, ein ehemaliger Projektmitarbeiter des Meeresmuseums in Stralsund. Die Schweinswalpopulation scheint besonders um Fehmarn und – vergleichsweise abgeschwächter – um Rügen herum vertreten zu sein, da Segler in diesem Küstenabschnitt sehr viele Schweinswale gesichtet haben. Manche der Segler wurden sogar von Schweinswalen auf längere Strecken begleitet, vor allem im westlichen Bereich der deutschen Ostsee, so vor Fehmarn, aber auch im Küstengebiet vor Kiel.

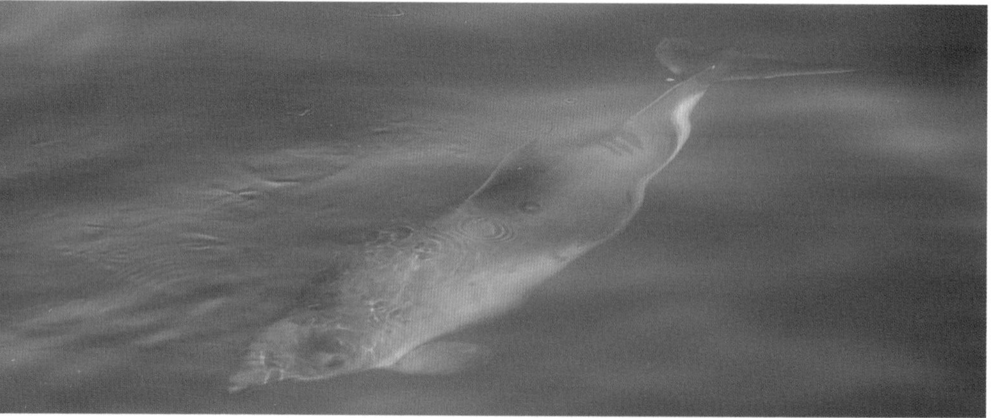

Ein neugieriger Schweinswal, der sich einem Besucherboot vorsichtig nähert. Foto: Johnny Hendriks, ORES.

Neueste wissenschaftliche Untersuchungen des Meeresmuseums in Stralsund mit Unterwassermikrofonen (SAMBAH-Projekt) führten zu interessanten Erkenntnissen über weitere Aufenthaltsorte der Schweinwale vor der deutschen Ostseeküste (www.sambah.org). Mithilfe der aus den Untersuchungen gewonnenen Daten wurde die Tieraktivität in der Ostsee von West nach Ost bestimmt.

Eine große Dichte von Schweinswalen lässt sich im westlichsten Beobachtungsgebiet feststellen. Vor Rostock wurde anhand der Aufzeichnungen mit Schall-Detektoren eine weitere relativ große Schweinswaldichte ausgemacht. Die Tiere sind zudem im östlichen Beobachtungsraum anzutreffen, so in der Pommerschen Bucht und östlich von Rügen.

Seit 2008 wurde laut Wissenschaftsbericht des Meeresmuseums in Stralsund eine zunehmende Schweinswal-Aktivität vor allem in der Pommerschen Bucht festgestellt. Dies muss aber nicht heißen, dass die Anzahl der Schweinswale zugenommen hat. Es kann auch bedeuten, dass die Meeressäugetiere aus dänischen Gewässern kommen, um hier Nahrung zu suchen (Benke et al. 2014).

4.3 Whale watching im Mündungsbereich von Elbe, Ems, Weser und Jade

Seit etwa 2007 erscheint das Unmögliche möglich – kein Zweifel: Viele Spaziergänger, Fischer, Angler, Bootsfahrer und Biologen haben Schweinswale gesehen und live beobachtet, dass sie in die Flüsse des Nordens zurückgekehrt sind. Was in den großen Flüssen Nord-, Mittel- und Südamerikas (wie dem Mississippi, dem Amazonas usw.) als Normalität angesehen wird, ist in Deutschland noch eine Sensation: dass nämlich Meeresbewohner (in den USA: u. a. der Kalifornische Schweinswal und Delfine) auch in die Flüsse schwimmen, um zu jagen.

So werden nun jährlich zwischen April und Juni in den Flüssen Elbe, Ems, Weser, Jade und Hunte Schweinswale bei der Jagd beobachtet.

Schweinswal in der Jade vor Wilhelmshaven. Foto: Holger Jureczko, GRD.

Denise Wenger beim Ausbringen eines Schweinswal-Klickdetektors, eines sogenannten CPOD (Continuous Porpoise Detector von Chelonia, UK) in der Weser. Er besteht aus einem sehr stabilen Plastikrohr, ist wasserdicht, darin ist ein Mikrophon eingebracht. Das Hydrofon nimmt die Schalllaute auf und wandelt sie in digitale Daten um. Diese kann man anschließend im Computer einlesen. Foto: Wasser- und Schifffahrtsamt (WSA) Bremerhaven, Stützpunkt Klippkanne, Hans-Werner Keil.

Vor allem ein Schweinswal-Sichtungsprogramm der Biologin Denise Wenger von der Gesellschaft zur Rettung der Delphine e. V. und ihre Projekte akustischen Monitorings in Weser und Elbe, die mit dem Einsatz von Schweinswal-Klickdetektoren arbeiten, sind ein Beleg für die saisonale Gegenwart der Tiere.

2013 waren es im Elbstück vorsichtigen Schätzungen zufolge vor dem Hamburger Hafen etwa 70 Tiere, die teilweise in Gruppen aus fünf bis acht Kleinwalen und vor allem in Zweiergruppen sowie als Einzelgänger zu sehen waren.

Zwei Schweinswale vis-à-vis von Finkenwerder. Foto: Sophia Wenger.

Schweinswal aus der Nähe betrachtet: Seine für ihn typische abgerundete Schnauze ist gut zu erkennen. Foto: FLORIAN GRANER.

Oft geht es schon bei milden Wetterverhältnissen im März los. Ein Sichtungsort von Schweinswalmüttern mit Kälbern ist die Unterweser auf der Höhe der Kreisstadt Brake im Landkreis Wesermarsch in Niedersachsen. Aber auch in der Ems bei dem Fischerdorf Ditzum im Landkreis Leer in Ostfriesland wurden sie gesichtet. Seit einigen Jahren tauchen die kleinen Wale zudem in der Jade auf.

Als Schweinswale erstmals – nach 100 Jahren – wieder in der Elbe zu sehen waren, war dies ein großes Ereignis. Denn noch um 1900, vor der großen Verschmutzung der Flüsse durch Industrie, Landwirtschaft, Schifffahrt und Siedlungsabwässer, jagten die Schweinswale im Frühjahr auch in den großen Flüssen nach kleinen Schwarmfischen.

Schweinswal mit Fisch, Aquarium Wilhelmshaven. Foto: W. HOCHSTETTER.

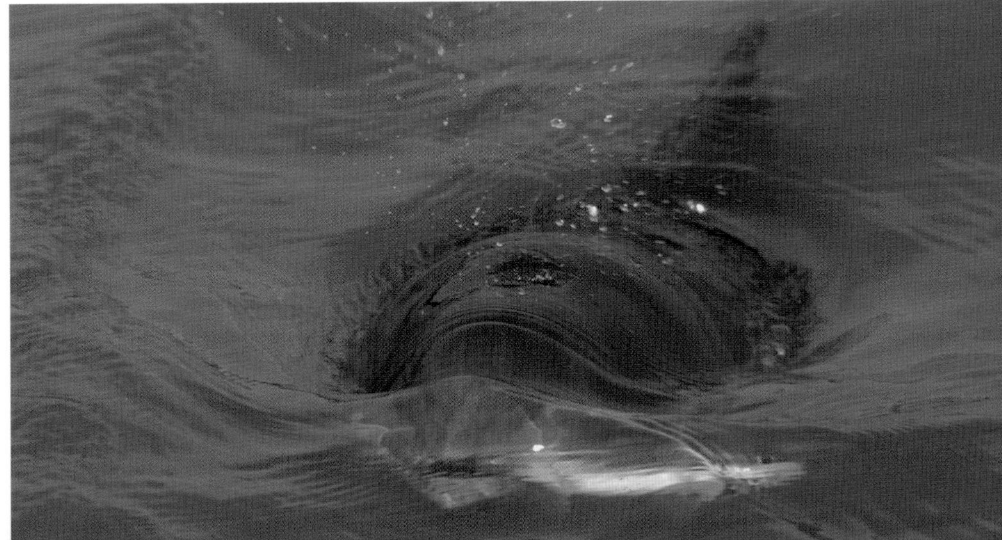

Dass sie dies seit einigen Jahren von Frühjahr bis in den Frühsommer wieder tun, lässt auf einiges schließen: Die Wasserqualität der Flüsse hat sich verbessert und die Fischbestände haben sich wieder erholt.

So schwimmen der Stint und neuerdings die durch die FFH-Gebiete (FFH: Fauna-Flora-Habitat) geschützte Finte zum Laichen aus der Nordsee in die erwähnten Flüsse. Diesen Nahrungsfischen folgen die Schweinswale, die sich im Mündungsbereich der Flüsse aufhalten und für kurze Zeit die Flüsse bevölkern. Sie schwimmen sogar bis in den Hamburger Hafen die Elbe hinauf – und das trotz des reichlichen Schiffsverkehrs und Schiffsschraubenlärms.

Möglicherweise hängt dieser Trend auch damit zusammen, dass seit den 1990er-Jahren mehr Schweinswale die Wattenmeerküste besuchen und von dort die Flüsse leicht erreichen. Zudem ist beispielsweise die Elbe bis Hamburg leicht salzig, sodass die Nieren der Schweinswale im Flussgewässer durch den geringeren Salzgehalt nicht beschädigt werden. Der Wechsel in Süßwasserbereiche kann sich auch positiv auf die Haut der Kleinwale auswirken: An Salzwasser angepasste Parasiten der Haut werden Vermutungen von Experten zufolge »abgeschüttelt«.

Im Frühjahr können mit etwas Glück Spaziergänger oder Cafébesucher vom Flussufer aus auf dem ausgewiesenen Wanderweg entlang der Elbauen – vom Hafen ausgehend bis an das Rissener Ufer – die Schweinswale beobachten. Aber auch auf Höhe des Hamburger Museumshafens oder an der Stelle des Hafeneingangs, wo die Ozeanriesen wenden, um entweder in den Containerhafen einzufahren oder diesen wieder zu verlassen, können Schweinswale beobachtet werden. Möglich ist auch, dass sich die Schweinswale in den Nebenbecken der Hauptstrecke für den Schiffsverkehr der Elbe aufhalten. Hier gibt es vereinzelt geschützte Gebiete, wo nicht nur Schweinswale gesichtet werden, sondern manchmal auch Seehunde auftauchen.

Mit etwas Glück kann man Schweinswale an der Elbe beobachten. Foto: Denise Wenger.

5 Im Dienst der Wale: Forscherinnen – Forscher – Forschungsprojekte

Neben der Erforschung der scheuen Schweinswale im offenen Meer werden auch Studien in Fjorden und Buchten, u. a. in Norwegen, durchgeführt. Dass die Arbeit mit den Schweinswalen keine einfache ist, scheint dabei wenig verwunderlich. Noch schwieriger ist, Schweinswale unter Wasser zu beobachten. Da sie von Natur aus vorsichtig sind, halten sie genug Abstand, um gerade außerhalb der Sichtweite zu bleiben. Nur selten sieht man tatsächlich einen Schweinswal unter Wasser, und dann oft nur als Schatten oder ganz kurz und mit viel Tempo am Taucher vorbeiziehend.

Schweinswalexperten verbringen deshalb häufig Tage, Wochen und Monate in Booten, um die scheuen Meeressäuger an der Wasseroberfläche überhaupt zu Gesicht zu bekommen. Dabei beginnt die Arbeit meist schon im Morgengrauen. So auch bei dem Schweinswalexperten Dr. Florian Graner, der bei Unterwasseraufnahmen oft nur einen Schatten der scheuen Tiere mit bloßem Auge erhaschte, diese ihn umgekehrt aber offenbar ganz genau unter die Lupe genommen haben. Mithilfe ihres Echolots »sahen« sie den Taucher Graner ganz genau, schwammen also nicht weg, wie er nach den Tauchversuchen an den gleichzeitig aufgenommenen Tonaufnahmen feststellen konnte.

5.1 Projekte des Meeresbiologen und Tierfilmers Florian Graner

Diesbezüglich herausragend sind die Untersuchungen des deutschen Meeresbiologen Dr. Florian Graner, der seit 2006 auf Whidbey Island lebt – einer der größten Inseln im Nordwesten des US-Bundesstaates Washington mit rund 56 000 Einwohnern. Er ist Schweinswalexperte, Tier- und Naturfilmer, u. a. für die Fernsehsender NDR, Arte, BBC, aber auch für National Geographic TV.

Meeresbiologe und Tierfilmer Florian Graner *bei der Arbeit. Copyright:* Florian Graner.

Auf einer Europäischen Wale-Konferenz (ECS) wurde bei seinem Vortrag eine BBC-Produktionsassistentin auf ihn aufmerksam, als er Ergebnisse seiner Doktorarbeit vortrug. Sie ermöglichte ihm den Einstieg als Naturfilmer in die Dokumentationsserie Blue Planet der BBC. Zur Zeit des Interviews für dieses Buch hielt sich Dr. Florian Graner gerade in Hamburg auf, um im Studio der NDR Naturfilm einen Film zu schneiden.

Bevor es Dr. Graner in die USA zog, spazierte er in den 1990er-Jahren oft an der Elbe entlang, ohne jedoch jemals Kleinwale zu sehen. Auf Whidbey Island ist dies anders: Hier kann Dr. Graner nicht weit vom Strand wie selbstverständlich einen großen Vertreter der Zahnwale sehen: »Ich habe die Orcas vor der Haustür.«

Florian Graner *trifft auf eine Kegelrobbe. Sie betrachtet den Unterwasserbesucher neugierig und nimmt Kontakt auf. Copyright:* Florian Graner.

Dr. Florian Graners besondere Leidenschaft: Tiere unter Wasser zu filmen. Er ist inzwischen vertraut mit verschiedenen Robbenarten, Schweinswalen, Schwertwalen (Orcas), Grau- und Buckelwalen und einigen mehr. Bereits mit 19 Jahren zählte er zu Deutschlands jüngsten Forschungstauchern. Während seines Studiums an der Universität in Liverpool tauchte er bei jeder Gelegenheit und erstellte Unterwassermaterial auf der Meeresstation Port Erin Marine Laboratory auf der Isle of Man.

Aber er ist ein Meeresbiologe, der nicht auf die üblichen Messmethoden zurückgreift. Bei seiner Filmarbeit und in der Tierbeobachtung kommt es ihm nicht auf die Quantität gesichteter Tiere und Messergebnisse an, sondern auf die Qualität. Dr. Graner arbeitete lange mit einzelnen Individuen und Gruppen.

Um die Schweinswale in freier Wildbahn besser kennenzulernen, beobachtete er sie, zwischen 1996 und 2002, über sechs Jahre in Norwegen. In dieser Zeit schrieb er seine Doktorarbeit über Schweinswale im norwegischen Sognefjord und hatte die Gelegenheit, über 1000 Beobachtungsstunden mit Schweinswalen zu verbringen.

Manchmal fuhr er bis zu 16 Stunden pro Tag mit dem Boot hinaus auf den Fjord. An guten Tagen gelang es ihm, die Schweinswale für mehrere Stunden am Stück zu begleiten. Versuche, sich den Schweinswalen im Tauchanzug unter Wasser zu nähern, waren dagegen nicht so einfach, trotz des Einsatzes von geräusch- und blasenfreien Sauerstoffkreislaufgeräten.

Mit Hydrofonen erkundete der Biologe den Ultraschall der Schweinswale im Sognefjord. Er zeichnete 400 Stunden akustischer Unterwassergeräusche der kleinen Wale auf.

Der Sognefjord ist mit über 1 300 Metern der tiefste und längste Fjord Europas. Foto: Ryhor Bruyeu.

Florian Graner tritt nach einem Tauchgang erschöpft ans Ufer im norwegischen Sognefjord. Copyright: Florian Graner.

Dabei drehte er den Naturfilm »Life in the Fast Lane«, dessen deutsche Fassung in der ARD lief. »Die Beobachtung von Schweinswalen ist Knochenarbeit, aber es geht«, sagt Dr. Florian Graner, der für seine Unterwasseraufnahmen stets gut ausgerüstet ist und mit viel Geduld, Geschick und Umsicht filmt. »Schweinswale waren meist nicht weiter als 2 km von meiner Hütte am Fjord entfernt.«

Florian Graner filmt einen Schweinswal, der sich nahe herantraut. Foto: Florian Graner.

»Fuhr ich mit dem Boot auf den Fjord hinaus, so kamen sie schnell angeschwommen, aber immer nur, wenn die Situation die richtige war, besonders nach dem gemeinsamen Fischfang. Ich konnte das mithilfe meines Klickdetektors und dem Hydrofon unter Wasser hören. Ihre Klicks wurden schneller und lauter und es gab immer einen kurzen »Buzz«, also eine ganz schnelle Abfolge von Klicks. Das hört sich ein bisschen so an, wie wenn man schnell über die Zähne eines Kammes streicht. So wusste ich, jetzt kommen sie gleich direkt ans Boot. Dann konnte es auch passieren, dass sich die Schweinswale länger, teils mehrere Stunden in der Umgebung des Bootes aufhielten und ich ihnen folgen konnte – über weite Strecken! Sie machten auch hin und wieder »Freudensprünge«, erinnert sich Dr. Florian Graner lächelnd.

Manchmal, wenn ihn Besucher im Boot begleiteten, erschreckten »seine« Schweinswale die Gäste, indem sie mit einem kräftigeren, übertriebenen Blas direkt neben dem Boot in die Luft sprangen – für die Gäste unerwartet. »Ich konnte ja schon immer an den Klicks hören, was gleicht kommt«, sagt der Schweinswalexperte.

Springender Schweinswal. Foto: Jean-Pierre Sylvestre, ORCA-KANADA, WDC.

Dr. Florian Graner: »Schweinswale produzieren Töne im Ultraschallbereich, meist zwischen 120 bis 140 kHz, also weitaus höher als sogar Fledermäuse. Unser Hörbereich endet meist bei 20 kHz. Um die Schweinswale hören zu können, ohne eine Tonaufzeichnung langsamer abzuspielen, also in Echtzeit, muss man die Klicks elektronisch in den hörbaren Bereich wandeln. Das Fachwort hierzu ist leider mal wieder englisch, zumindest in meinem Kopf, und nennt sich ‚Envelope Tracing Technology'.

Interessant dabei ist, dass Orcas den Frequenzbereich der Schweinswale effektiv nicht hören können.

Schweinswale nutzen ihre Klicks nicht nur zur Echoortung, sondern ähnlich wie Pottwale auch zur Kommunikation. Das geschieht mit Klick-Codes, also in schnellen Abfolgen von Lautmustern. Vielleicht muss man sich das ein bisschen wie die Barcodes auf unseren Einkaufswaren vorstellen – in akustischer Anwendung. Delfine hingegen senden unabhängig von und gleichzeitig mit den Sonar-Klicks Pfeiftöne aus, die ausschließlich zur Kommunikation untereinander dienen.«

Meist waren es Schweinswalgruppen zwischen acht und zwölf Tieren, die Florian Graners Forschungsboot begleiteten. »Die Schulen bestanden aus Männchen und Weibchen. Es waren gemischte Gruppen. Ob es sich um Familienclans handelte, konnte ich nicht herausfinden. Es gab unter ihnen keine echte Rangordnung und so etwas wie ein Leittier. Sie sind sehr verspielt und stehen im engen sozialen Kontakt miteinander.«

Ein Männchen und ein Weibchen suchen gemeinsam nach Nahrung. Foto: Florian Graner.

Dr. Florian Graner konnte auch drei Geburten von Schweinswalen filmen. Er beobachtete, wie die Babys zum ersten Mal nach der Geburt an die Oberfläche auftauchten, um Luft zu holen. Er sah ihren ersten Blas.

So konnte er auch beobachten, wie sich nach der Geburt Schwanz- und Rückenflossen der Schweinswalbabys allmählich ausfalteten:

»Sie werden mit den weichen Extremitäten Fluke (Schwanzflosse) und Flipper (Seitenflossen) geboren, die sich an den Körper anschmiegen. Dann tauchen sie zur Oberfläche auf und machen erste Schwimmschläge. Nach 5 bis 15 Minuten richten sich Flipper und Fluke auf, ihre Schläge werden effektiver. Bereits 20 bis 30 Minuten nach der Geburt können die Schweinswalbays dem Muttertier folgen.«

Je länger Dr. Graner die kleinen Wale beobachtete, umso mehr verloren sie ihre Scheu. In den Fjorden, u. a. in Norwegen, traf er die Meeressäuger nicht als Einzelgänger an, sondern in Gruppen zwischen vier und 25 Individuen.

Längere Studien führte er auch im Bereich der Salischen See durch, zu dem auch der bekannte Puget Sound zählt, eine 150 Kilometer lange Bucht im Nordwesten des US-Bundesstaates Washington.

Die Hopewell Rocks sind eine markante Gesteinsformation am Puget Sound. Foto: Magdalena Dral.

Im Puget Sound konnte ich sogar mehrfach Gruppen mit um die 100 oder mehr Individuen beobachten. Das konnte zu jeder Tageszeit passieren, war allerdings meist im Sommer zu beobachten.«

In den Fjorden sind die Schweinswale oft schlecht unter Wasser mit bloßem Auge zu sehen. Sie halten einen Sicherheitsabstand zum Menschen. Foto: Florian Graner.

Ihr Echolot setzen Schweinswale wie Delfine zur Orientierung unter Wasser und auch zum Jagen ein. Je näher ein Schweinswal an potenzielle Beute herankommt, desto schneller werden die Klicks, bis sie kurz vor dem Fang so schnell werden, dass sie sich wie ein Buzz, ein Schnurrgeräusch, anhören. Mit den Klick-Codes tauschen Schweinswale untereinander Informationen über Fischschwärme aus. Anhand seiner Unterwasseraufzeichnungen konnte Dr. Graner nachweisen, dass sich Schweinswale bei bestimmten Tätigkeiten, z. B. dem Fischfang, wie echte Gruppentiere verhalten: »Die Schweinswale tauchten kurz vor dem Fang immer in Formation auf, und die Echoortung mehrerer Schweinswale wurde dann gemeinsam schneller und endete immer mit simultanen Schnurrgeräuschen, also den letzten schnellen Klickimpulsen vor dem Zugriff auf die Fische. Das heißt, alle Schweinswale fingen gleichzeitig an Fische zu fangen«.

Dies ist in der Schweinswalbeobachtung ein absolutes Novum, da die Schweinswalforschung bisher überwiegend vom Einzelgängerverhalten der kleinen Wale ausging.

Dieser Schweinswal ist an Menschen gewöhnt und tritt über seine Körpersprache in Kommunikation mit dem Menschen. Dabei dreht er seinen Bauch nach oben, ein kleines Kunststück. Foto: Florian Graner.

»Hallo, hast du vielleicht einen leckeren Fisch für mich?« Foto: Florian Graner.

5.2 Projekte der Meeresbiologin Ursula Tscherter

Die Schweizer Meeresbiologin URSULA TSCHERTER machte ihren Master in Meeresbiologie an der Universität St. Andrews in Schottland. Sie ist Walexpertin aus Passion. Von 1993 bis 2013 arbeitete die Schweizerin für eine schweizer-kanadische Stiftung: The Ocean Research and Education Society (ORES). Sie erstellte Studien zum Verhalten von Zwergwalen, betrieb Feldforschung und machte Bildungsarbeit.

URSULA TSCHERTER fertigt für Kinder Schweinswale aus Stoff an und führt ihre Kreationen an Schulen vor. Copyright: URSULA TSCHERTER.

Als Zwergwalexpertin beobachtete sie über 20 Jahre die Tiere im Sankt-Lorenz-Strom, an der Ostküste Kanadas, nordöstlich von Quebec. Dabei bekam sie auch immer wieder Schweinswale vor die Linse: »Im Sankt-Lorenz-Strom tummeln sich die verschiedensten Wale: In diesem futterreichen Gebiet teilen sich sechs Walarten den Lebensraum – u. a. Belugas, Zwergwale und Schweinswale. Zwischen den verschiedenen Walen gibt es keine beobachtbare Nahrungskonkurrenz«, erklärt die Schweizer Meeresbiologin. Während sich die Belugas ganzjährig im Sankt-Lorenz-Strom aufhalten, kommen Zwergwale (mitunter auch Finn- und Blauwale) von Juni bis Oktober in dieses Flussmündungsgebiet (KRAPF 2006), während sie im Winter in ihre unbekannten südlichen Paarungsgebiete schwimmen, möglicherweise bis in die Karibik. Wo sich aber die Schweinswale aus diesem Gebiet während der Wintermonate aufhalten, ist nicht bekannt.

Auftauchender Schweinswal, um Luft zu holen, fotografiert im Sankt-Lorenz-Strom. Foto: Ursula Tscherter, ORES.

Dieser Schweinswal hat keine Angst und schwimmt im Sankt-Lorenz-Strom sehr nahe an das Walbeobachtungs-Boot heran. Foto: Ursula Tscherter, ORES.

Kleine Schweinswal-Gruppe im Sankt-Lorenz-Strom. Hier schwimmen bis zu sechs verschiedene Walarten nebeneinander und jagen. Foto: Ursula Tscherter, ORES.

Ursula Tscherter erinnert sich an ein besonderes Erlebnis mit Schweinswalen: »Es war schönstes Wetter. Die Wasseroberfläche war ruhig und spiegelglatt. Wir stellten den Schiffsmotor ab. Die Schweinswale, die Mütter mit ihren kleinen Kälbern, waren an diesem Tag sehr zahlreich. Vor allem die juvenilen Wale waren sehr verspielt. Drei davon kamen nah an unser Boot heran. Zuerst schwammen die drei Kleinwale um unser Boot herum. Plötzlich drehten sich die Schweinswale seitlich, sodass auch ihr Bauch sichtbar wurde. Dabei sahen sie uns direkt an. Sie veränderten die Schwanzflosse und begannen miteinander zu spielen. Schwupps, waren sie wieder verschwunden.

Das war für uns ein echtes Geschenk. Sie brachten uns großes Vertrauen entgegen. Darum konnten wir viele einmalige Fotos von dieser Begegnung machen.«

Auftauchender Schweinwal. »Na, was spielt sich an der Wasseroberfläche ab?« Foto: Johnny Hendriks, ORES.

Schweinswal, vom Boot aus fotografiert. Foto: Ursula Tscherter, ORES.

Da die Schweizer Walforscherin viele Stunden auf dem Wasser verbrachte, wurde sie immer wieder Zeugin artspezifischer Verhaltensweisen der Schweinswale. Der Atem von Schweinswalen ist so zart, dass man im Unterschied zum gigantischen Blas der Blauwale nur ein leises »Pffft« hört, wenn sie die verbrauchte Luft an der Wasseroberfläche ausstoßen und ihr Atemloch wieder verschließen, um abzutauchen. »Schweinswale sind wegen ihres unvorhersehbaren Auftauchverhaltens und ihrer Scheu extrem schwierig zu erforschen«, so Ursula Tscherter.

Besucher fotografieren eine Gruppe Schweinswale bei strahlendem Sonnenschein im Sankt-Lorenz-Strom. Foto: Ursula Tscherter, ORES.

Einzigartig ist in diesem Gebiet die Möglichkeit, regelmäßig Mütter mit ihren Kälbern zu beobachten: »Als hätte jemand auf einen Stoppknopf gedrückt, blieben sie an der Oberfläche und drehten sich horizontal um ihre eigene Achse. Währenddessen tauchte die Mutter weiter auf und ab. Nur, wenn diese sich selbst ausruhen wollte, schwamm sie ruhig an der Oberfläche.«

Meist jagten die Schweinswale aber unter der Wasseroberfläche, sodass sich ihre Jagdweise nicht beobachten lässt. Selten springen sie delfinähnlich in horizontaler Fluglinie aus dem Wasser, um mit hoher Geschwindigkeit ihre Beutefische zu jagen.

Hin und wieder beobachtete Ursula Tscherter die Schweinswale auch in ihrem Spielverhalten, wenn sie wie Delfine aus dem Wasser springen. Während dieses Verhalten bei Delfinen sowohl Spiel als auch Jagd bedeuten kann, verhält sich dies bei den Schweinswalen je nach geographischer Verbreitung anders. »In unserem Gebiet beobachteten wir dieses Verhalten, soweit wir das erkennen konnten, nur bei der Jagd der Schweinswale«, erklärt sie.

Da Schweinswale im Unterschied zu den Delfinen sehr scheue Tiere sind, bietet sich die Gelegenheit, das Spiel- und Jagdverhalten der Tiere uneingeschränkt zu beobachten, eher selten. Es sind vielmehr die Jungtiere, die abenteuerlustig und neugierig sind. Dennoch: Selbst, wenn man den Motor der Boote ausmacht, kommen sie so gut wie nie an die Boote heran. »Nur einmal geschah dies, weil wir am Ponton kratzten und die vermutlich jungen Tiere in neugieriger Stimmung waren«, so Ursula Tscherter.

Neugieriger Schweinswal. Foto: Ursula Tscherter, ORES.

Zwei Schweinswale schwimmen um die Wette. Foto: Johnny Hendriks, ORES.

Inzwischen arbeitet Ursula Tscherter wieder in ihrer Heimat – der Schweiz –, hält Vorträge, unterrichtet Umweltpädagogik an Schulen und stellt aus Stoff lebensgroße Tiere wie Zwerg- und Buckelwale, Delfine und Schweinswale, aber auch Zebras, Pinguine und andere Tiere her.

5.3 Deutsches Meeresmuseum in Stralsund

2011 übernahm das Deutsche Meeresmuseum von der Gesellschaft zum Schutz der Meeressäuger (GSM) das Projekt »Wassersportler sichten Schweinswale«, bei dem die Bevölkerung in die Schweinswalforschung miteinbezogen wird. Segler, Fischer und Angler können, wenn sie Schweinswale beobachten, dies mit Positionsbeschreibung in einem Onlineformular dem Meeresmuseum mitteilen (www.deutsches-meeresmuseum.de/dmm/wissenschaft/schweinswale/sichtungen/projekt/). Dieses Projekt wurde 2002 von Petra Deimer und ihrem Mann, Hans-Jürgen Schütte, einem langjährigen Redakteur von »In Sachen Natur«/NDR, gegründet.

Wer Schweinswale sichtet, kann dies dem Deutschen Meeresmuseum in Stralsund melden. Foto: WDC.

Aufgrund der zahlreichen Meldungen konnten die GSM bzw. das Deutsche Meeresmuseum ab 2005 Karten erstellen, auf denen das Vorkommen der Schweinswale in der Ostsee genau verzeichnet ist. Generell werden die im Meeresmuseum Stralsund erfassten Daten Naturschutzverbänden, Baufirmen und Behörden zur Verfügung gestellt, damit entsprechende Schutzmaßnahmen für die Schweinswale in den betroffenen Meeresgebieten ergriffen werden können.

Bisher weltweit einmalig wurde unter der Federführung des Deutschen Meeresmuseums und des Bundesamtes für Naturschutz eine Langzeitstudie über die Schweinswale als einzige in der deutschen Ostsee heimische Walart durchgeführt, um mehr über die Anzahl und Verbreitung der Tiere zu erfahren. Mit der Methode der Schweinswal-Klickdetektoren erlangte das Meeresmuseum in Stralsund bahnbrechende Erkenntnisse.

Jens Kolbitz ist Experte für die Echoortung. Er studierte Biologie an der Universität Konstanz und der University of Guelph (nahe Toronto) in Kanada. Als Mitarbeiter des Meeresmuseums Stralsund koordinierte er das Forschungsprojekt COSAMM und war deutscher Projektleiter des internationalen Projektes SAMBAH.

COSAMM

COSAMM ist die Bezeichnung für ein Projekt des Deutschen Meeresmuseums in Stralsund. Darin werden verschiedene Methoden angewandt, um vergleichbare Aussagen über das Vorkommen von Schweinswalen zu erzielen. Die Untersuchungen werden mithilfe von unterschiedlichen Klickdetektoren durchgeführt. Schweinswalexperten sprechen auch vom akustischen Monitoring. Das Deutsche Meeresmuseum setzt seit zehn Jahren Schweinswal-Klickdetektoren ein, um mehr über das Vorkommen und die Verbreitungen von Schweinswalpopulationen in der deutschen Ostsee herauszufinden. Eingesetzt werden über eine Laufzeit von 2,5 Monaten beispielsweise T-POD-Geräte (**T**iming **PO**rpoise**D**etectors). Sie erfassen den von den Schweinswalen ausgegebenen Schall auf zwei unterschiedlichen Frequenzbändern (90 und 130 kHz). Näheres dazu finden Sie auf den Internetseiten des Deutschen Meeresmuseums (Link siehe Kapitel 12).

SAMBAH

Ziel des SAMBAH-Projektes (Statisches, akustisches Monitoring des Ostsee-Schweinswals (engl. **S**tatic **A**coustic **M**onitoring of the **Ba**ltic Sea **H**arbour Porpoise)) ist es, mit 300 Klickdetektoren, die in die Zentrale Ostsee eingebracht wurden, Schätzungen über die Populationsdichte von Schweinswalen und ihre zahlenmäßige Stärke machen zu können. Darüber hinaus werden Verbreitungskarten des Untersuchungsgebietes angefertigt. So können die bevorzugten Lebensräume und Gebiete, die durch menschliche Aktivitäten gefährdet sind, ausgemacht werden. Ebenso geht es darum herauszufinden, wie Schweinswale großflächig und kostengünstig in einem Areal überwacht werden können. Näheres dazu finden Sie auf den Internetseiten des Deutschen Meeresmuseums (Link siehe Kapitel 12).

Jens Kolbitz untersuchte zudem den Einfluss des Baus der Gaspipeline zwischen Russland und Deutschland auf Schweinswale: Der Bau der Pipeline hat – anders als der Bau von Offshore-Windanlagen (siehe Kapitel 7.2.2) – keinen nennenswerten Einfluss auf Schweinswale.

5.4 Fjord & Bælt Center in Dänemark

Eine Mischung aus Touristenattraktion und Forschungseinrichtung ist das 1997 eröffnete Fjord & Bælt Center, das an einem dänischen Fjord in Kerteminde gelegen ist. Es informiert im Rahmen von Ausstellungen und Informationsveranstaltungen über das Meer und seine Umwelt. Doch im Center gibt es auch Meeresgäste: Dies sind neben Fischen und Seehunden besonders die Schweinswale.

Augenblicklich werden hier drei Schweinswale betreut, die in einem 4 Millionen Liter fassenden Hafenbecken munter hin und herschwimmen und ganz aus der Nähe beobachtet werden können. Freja und Eigil kamen 1997 ins Fjord & Bælt Center, da sie sich beide in einem Stellnetz verheddert hatten. Das Alter der beiden Kleinwale wurde auf knapp zwei Jahre geschätzt. Freja wie Eigil wurden ausgebildet, um bei Forschungsprojekten eingesetzt werden zu können. Eigil eignet sich z. B. für Projekte, mit denen die Fähigkeiten von Schweinswalen, Fischernetze im Meer zu erkennen, erforscht werden. Freja kann darüber hinaus auch Kunststücke vorführen, die für das Verhalten von Schweinswalen im offenen Meer ungewöhnlich sind. So kann Freja aus dem Wasser hochspringen, ähnlich wie Delfine es vermögen, um einen Ball in der Luft anzutippen.

Ein in Gefangenschaft lebender Schweinswal im Hafenbecken des Fjord & Bælt Centers in Dänemark. Foto: S. Koschinski, Fjord & Bælt Center, Dänemark.

Der dritte Schweinswal, Sif, war gerade erst ein Jahr alt, als er 2004 ins Fjord & Bælt Center kam. Er verfing sich in einem Stellnetz in der Nähe des Fjellerup-Strandes.

Um die drei Schweinswale in Gefangenschaft halten zu dürfen, hat das Fjord & Bælt Center eine Sondergenehmigung der Naturschutzbehörde des dänischen Umweltministeriums erhalten. Die Schweinswale gehören zum Schulungs- und Bildungsangebot des Centers, sie werden aber auch von internationalen Forschern überwacht, um Verhaltensversuche mit ihnen durchzuführen. Dabei kooperiert das Fjord & Bælt Center seit 2006 mit der Universität Süddänemark, um ein dänisches Forschungscenter für Meeressäugetiere (Dansk Forskningscenter for Havpattedyr) einzurichten. Wer mehr erfahren möchte, kann sich auf den Internetseiten von Fjord & Bælt (Link siehe Kapitel 12) informieren.

5.5 Schweinswalprojekt des IFAW

Im November 2011 segelte das Forschungsschiff mit dem Namen Song of the Whale des IFAW (International Fund for Animal Welfare) vom englischen Hafen Ipswich aus für 20 Tage in die Nordsee zur Doggerbank, um hier Schweinswale zu erforschen. Die Doggerbank ist eine Sandbank in der Nordsee, nordwestlich der Deutschen Bucht, die zum Teil nur 13 Meter unter der Meeresoberfläche liegt. Sie ist aufgrund ihrer Untiefe ein ideales Jagdgebiet für Schweinswale. Ziel war es, das Vorkommen der Schweinswale um die Doggerbank und in den angrenzenden britischen, niederländischen und deutschen Gewässern zu untersuchen.

Forschungsschiff: »Song of the Whale« auf dem Weg zur Doggerbank. Foto: Kathrin Lohrengel, IFAW-MCR.

Mit der finanziellen Unterstützung des WWF (World Wide Fund for Nature), ASCOBANS (Agreement on the Conservation of Small Cetaceans in the Baltic, North East Atlantic, Irish an North Seas), IMARE (Institut für Marine Ressourcen GmbH) und anderen belgischen und deutschen Organisationen ging es darum zu prüfen, ob sich dieses Gebiet als Schutzgebiet eignet. Die Studie hob vor allem auf die Verbreitung der Schweinswale ab und auf Störfaktoren, die auf die Bewegung und das natürliche Verhalten der Schweinswale wirken. Zu den Störfaktoren zählen vor allem die Industriefischerei und der Bau von Windkraftanlagen (IFAW 2011).

Gerade Mutter-Kind-Gruppen sind von Störfaktoren wie dem Bau von Windanlagen auf See gefährdet. Ist der Lärm unter Wasser zu groß, kann es vorkommen, dass die Mutter ihr Kalb nach dem Abtauchen und Jagen nicht mehr an der Wasseroberfläche wiederfindet. Das Kalb kann noch nicht selbst jagen und verhungert. Foto: Ursula Tscherter, ORES.

Vor allem in den Flachmeeren, wo sich Schweinswale bevorzugt aufhalten, sollten international einheitliche und scharfe Schutzmaßnahmen erlassen werden. Foto: WDC.

6 Gefährdung von Schweinswalen

Schweinswalexperten kritisieren immer wieder, die bisherigen Schutzmaßnahmen seien für die Schweinswale in Nord- und Ostsee nicht effektiv genug, um die Bestände wie auch deren Erholung auf Dauer zu sichern und zu schützen. Schutzgebiete werden zwar ausgewiesen, doch geeignete Maßnahmen zum Schutz der Meerestiere und -pflanzen lassen auf sich warten und werden politisch bisher ungern getroffen. So zieren sich das Bundesumweltministerium und das Landwirtschaftsministerium, die Fischerei in den Schutzgebieten zu verbieten, obwohl es Berechnungen gibt, dass der Beifang von Schweinswalen – verursacht durch die Stell- und Grundschleppnetz-Fischerei – die jährliche Geburtenrate des Bestandes weit übersteigt. Immer wieder wird dringend angeraten, durch den Einsatz alternativer Fangmethoden wie beispielsweise Fischreusen den ungewollten Beifang von Schweinswalen zu verhindern.

Ein in einem Stellnetz verendeter Schweinswal. Die kleinen Wale sterben innerhalb von Minuten, weil sie in den engen, feinen Maschen mit der Schwanzflosse oder Schnauze festsitzen und nicht mehr zum Atmen auftauchen können. Wenn die Fischer sie finden, werfen sie die toten Wale meist achtlos ins Meer; irgendwann werden sie dann an die Strände gespült. Foto: Duncan Murrell, WDC.

Auch die Lärmbelästigung unter Wasser muss reduziert bzw. in den Gebieten ganz unterbunden werden, in denen sich Schweinswale vermehrt aufhalten bzw. kalben. Weitere Gefahren für die Schweinswale sind chemische Schadstoffe im Meer, die sich über die Nahrungskette im Körperfett und in Organen anreichern, die Überfischung ihrer Beutetiere und neue natürliche Feinde, wie die Kegelrobben.

6.1 Lärm unter Wasser

Wie empfindlich Schweinswale auf Unterwasserlärm reagieren, zeigen Ergebnisse verschiedener Forschungsprojekte, die seit 2003 vor allem im Rahmen der Genehmigungsverfahren für Offshore-Windparks durchgeführt wurden. In der Regel werden die Windenergieanlagen bislang per Rammung in den Nord- und Ostseeboden verankert. Das ist mit ohrenbetäubendem Lärm verbunden. Auch aus größerer Entfernung ist der hohe Schallpegel beim Versenken der Windkraftanlagen am Meeresboden wahrzunehmen.

Doch auch Lärm aus dem Schiffsverkehr könnte negative Auswirkungen haben. 2013, als zwischen April und Juni bis zu 70 Schweinswale in der Elbe gesichtet wurden, sind 17 Totfunde in kurzer Zeit gemeldet worden. Teils gibt es Hinweise auf Kollisionen schneller Motorboote mit den kleinen Walen, teils könnte aufgrund des Unterwasserlärms ihr empfindliches Gehör geschädigt worden sein, sodass sie sich in der Flussumgebung nicht mehr orientieren konnten.

Eine weitere Quelle der Lärmbelastung im Meer sind militärische Übungen. So führt die Bundesmarine in der Ostsee Sprengungen durch. Eigentlich sind Schweinswale durch das UN-Abkommen ASCOBANS geschützt und Sprengungen im Lebensraum der Schweinswale ein Verstoß gegen die eingegangenen Verpflichtungen. Auch wenn die Bundeswehr vor einer Sprengung das Meer im größeren Umkreis nach Walen absucht, sind die kleinen Wale nur schwer zu finden, vor allem nachts.

Selbst Schweinswale, die in vermeintlich sicherer Entfernung von einer Explosion schwimmen, können sterben. Noch bei einer Entfernung von 650 Metern von der Sprengung wird die Lunge eines Schweinswals zerrissen. Durch die Unterwasserexplosion werden aber auch Gehör und Gehirn irreversibel geschädigt.

Mitte Juli 2015 meldete der NABU, dass drei Tage nach einer Nachtsprengung ein kurz davor geborener Schweinswal im schleswig-holsteinischen Küstenabschnitt vor Schönhagen angeschwemmt wurde. Experten haben das gestrandete Tier untersucht und mutmaßen, dass das Kalb verhungert ist, weil die Mutter vermutlich durch die Sprengung getötet wurde.

Auch für den Nichtwissenschaftler ist es keine Neuigkeit, dass die Lärmbelastung in den Flüssen und im Meer zugenommen hat. Ungeklärt ist jedoch die Frage, wie stark die Meere verlärmt sind. Forscherinnen und Forscher prüfen mithilfe akustischer Langzeit-Messgeräte die Geräuschkulisse in den Natura-2000-Schutzgebieten der Nord- und Ostsee. Zur Geräuschkulisse gehören nicht nur Wellen- und Brandungsschläge. Die Messungen zeigen, dass vor allem der dichte Schiffsverkehr eine große Lärmquelle darstellt – dies vor allem auf der von vielen Schiffen befahrenen 18 Kilometer langen Wasserstraße in der Kieler Bucht und dem Fehmarnbelt. Hier ist der Schiffs- und Motorenlärm für die Schweinswale permanent zu hören. Im Vergleich ist die Lärmbelastung so groß wie für jemanden, der nicht weit von der nächsten Autobahn entfernt wohnt. In Schutzgebieten wie der Pommerschen Bucht vor Rügen ist der Schallpegel dagegen stärkeren Schwankungen ausgesetzt und deutlich niedriger als im Fehmarnbelt. Die Schweinswale genießen im Schutzgebiet den Vorteil, dass sie meist natürliche Geräusche vernehmen, die ihrem Gehör nicht schaden.

Um Erkenntnisse über das veränderte Verhalten bei Schweinswalen aufgrund von Unterwasserlärm zu erlangen, setzten Wissenschaftlerinnen und Wissenschaftler der Universität Aarhus den Tieren einen besonderen Sender ein. Er nennt sich D-tag und wurde in Schottland an der St. Andrews Universität entwickelt. Man stellte fest, dass die Tiere bei Auftreten von Bootslärm ihr normales Verhalten, beispielsweise ihr Fressverhalten, verändern. Dabei besteht die Gefahr, dass die Schweinswale aus der Nord- und Ostsee weniger fressen, damit im Vergleich zu ihren Artgenossen in der Arktis weniger Energie haben und ihr Immunsystem geschwächt wird: Sie werden anfälliger für Krankheiten und Parasitenbefall. Zusätzlich schüttet der Körper der Schweinswale auch Stresshormone aus.

Bei Untersuchungen am Gehör toter Schweinswale wurden mehr Veränderungen festgestellt als erwartet: Blutungen, traumatisch bedingte Veränderungen, aber auch Parasitenbefall und Infektionen.

Die Kenntnisse über die genauen Folgen der Lärmbelastung für die Kleinwale reichen bei Weitem noch nicht aus. Das Bundesamt für Naturschutz finanzierte ein mehrjähriges Forschungsprogramm vom Juni 2011 bis Mai 2015, in dem die Auswirkungen des Unterwasserschalls auf die Schweinswale in Nord- und Ostsee untersucht werden.

An dem interdisziplinären und internationalen Forschungsprojekt nehmen Wissenschaftlerinnen und Wissenschaftler vom Institut für Terrestrische und Aquatische Wildtierforschung (ITAW) der Stiftung Tierärztliche Hochschule Hannover (TiHo) in Zusammenarbeit mit der Universität Aarhus in Dänemark und der DW-ShipConsult GmbH in Schwentinental teil.

Es ist nicht einfach nachzuweisen, dass durch Lärm das Gehör eines Schweinswals geschädigt wurde. Um dieser Frage auf die Spur zu kommen, haben dänische und deutsche Wissenschaftlerinnen und Wissenschaftler eine besondere Methode entwickelt; sie nennt sich Messung der akustisch evozierten Potenziale (AEP). Durchgeführt wird sie am Lebendobjekt: Sobald sich ein Schweinswal bei einem dänischen Fischer im Netz verheddert hat, wird der Beifang an die Wissenschaftler gemeldet. Diese untersuchen das Tier lebend und wenden die AEP-Methode an. Dabei wird der Wal mit einem dem Lärm – beispielsweise einer Windkraftanlage – vergleichbaren Impuls konfrontiert und die jeweilige Hörschwellenverschiebung ermittelt. Beim Menschen kennen wir eine solche Hörschwellenverschiebung z. B. nach einem Diskobesuch: Das Ohr fühlt sich eine Zeitlang taub an und man muss lauter sprechen, um sich selbst oder andere zu hören. Verschoben hat sich also die Schwelle der Lautstärke, ab der man etwas hört. Ist die Beeinträchtigung des Gehörs kurzzeitig, spricht man von TTS (= Temporary Threshold Shift). Handelt es sich um einen andauernden Schaden, nennt man ihn PTS (Permanent Threshold Shift).

Schweinswale sind äußerst lernfähig. Auch bei Umweltrisiken wie Explosionen, Schiffslärm oder Fischereiaktivitäten vermuten Experten, dass Schweinswale aus den Risiken lernen können und diese Gefahrengebiete künftig meiden. Foto: Ursula Tscherter, ORES.

6.2 Schadstoffe und Parasiten

Die in der Nord- und Ostsee im Wasser enthaltenen Schadstoffe – schwer abbaubare Chlorkohlenwasserstoffe, Schwermetalle, Pestizide, Öl und Motorenabgase – , die zum Teil auch über die Nahrungskette in den Körper der kleinen Wale gelangen, wirken sich bei den Schweinswalen auf das Immunsystem und die Fruchtbarkeit aus. Dabei hat jedes Gift eine andere Wirkung auf den Körper der kleinen Wale. Studien belegen aber, dass die Fruchtbarkeit bei Schweinswalen durch Gifteintrag insofern geschädigt wird, als die Chance der erfolgreichen Einnistung der Eizelle in die Gebärmutter des Muttertieres schwindet. Es stellt sich Sterilität ein und die Furchtbarkeit bei Besamung nimmt ab. Ebenso können der Uterus und die Plazenta beschädigt werden, so dass die Überlebensfähigkeit des Fötus verringert wird. Mitunter tritt auch Krebs auf (Murphy 2009). Manche Gifte führen aber auch zu einer stärkeren Anfälligkeit für Krankheiten und Parasitenbefall. Eine 2013 veröffentlichte Studie der Ostseestiftung belegt, dass von 60 toten, gestrandeten Schweinswalen, die am Institut für Terrestrische und Aquatische Wildtierforschung (ITAW) untersucht wurden, bei nicht allen die gleichen Todesursachen festgestellt werden konnten. Einige der untersuchten Kleinwale waren von Lungenwürmern befallen und bei einigen hatte sich zudem auch das Lungengewebe entzündet. Ein Tier hatte ein Lungenödem, wobei Blutflüssigkeit in die Lunge austrat und Atemnot verursachte. Bei anderen Tieren wurden Parasiten in der Herzkammer ausgemacht. Dazu ist anzumerken, dass nur wenige der toten Wale überhaupt auf Parasiten untersucht werden konnten. Bei den meisten Tieren war dies aufgrund der fortgeschrittenen Verwesung nicht mehr möglich (Wehrmeister et al. 2013).

Ein weiteres Problem ist DDT (Dichlordiphenyltrichlorethan), ein Insektizid, das seit den 1940er-Jahren eingesetzt wird. DDT lagert sich vor allem in der Fettschicht der Kleinwale, dem sogenannten Blubber, ab. Der Grund für die Ablagerung dieses Giftes im Blubber liegt darin, dass es eine sehr gute Fettlöslichkeit aufweist und über die Nahrungskette aufgenommen wird. Seit dem Abkommen von Stockholm 2004 wurde aber der Einsatz von DDT nur noch für bestimmte Zwecke, beispielsweise zur Bekämpfung von Malaria, zugelassen. Nur in wenigen Ländern (wie Nordkorea) wird DDT noch in der Landwirtschaft eingesetzt. In die Nahrungskette im Meer gelangt das Gift über Flusswasser, indem das Phytoplankton, Bakterien, Krebse und kleine Fische bereits mit diesem Gift angereichert sind, wobei Letztere wiederum die Nahrungsgrundlage für Schweinswale darstellen (Quelle: GRD, Weblink siehe Kapitel 12).

6.3 Stellnetze in Nord- und Ostsee

Die Stellnetzfischerei ist eine der Haupttodesursachen der Schweinswale im Meer. Fotos: JAN HAELTERS, WDC.

Ein Mitarbeiter der Schutzstation Wattenmeer findet einen toten Schweinswal am Sylter Strand. Foto: STEFAN CZYBIK, Schutzstation Wattenmeer.

Toter Schweinswal an einem kanadischen Strand. Foto: Duncan Murrell, WDC.

An vielen Stellen im Küstenbereich der Nord- und Ostsee arbeiten Fischer mit Stellnetzen. An der Wasseroberfläche werden sie mit Bojen gehalten. Grundstellnetze werden am Meeresboden mit Gewichten verankert, Schwebnetze hängen frei schwebend im Wasser. Diese Netze sind bis zu 15 Meter hoch und 15 Kilometer lang. In der dänischen See können alle Stellnetze am Meeresgrund zusammengerechnet sogar über 500 Kilometer lang sein. Das entspricht der Autobahnstrecke von Frankfurt nach Hamburg.

In den Stellnetzen, die aus feinem Nylon gewebt sind, verheddern sich Hunderttausende Meeressäuger und Millionen Seevögel. Meeressäuger wie Schweinswale werden zum ungewollten Beifang. Beim Einholen der Netze wird er mit wenigen Ausnahmen (es gibt auch Speiserestaurants für Schweinswalfleisch) wieder tot ins Wasser geworfen. Während die Schwebnetze für Schweinswale weniger gefährlich sind, da sie diese über ihr Sonar orten können, verfangen sie sich dagegen grundsätzlich in den Grundstellnetzen, wenn sie am Boden nach Nahrung suchen (siehe Kapitel 7.1, 7.2 und 7.3). Die Stellnetzfischerei in Nord- und Ostsee führt zur Gefährdung des Schweinswalbestandes.

In der Studie »Strategien zur Vermeidung von Beifang von Seevögeln und Meeressäugetieren in der Ostseefischerei« hat der NABU u. a. zusammen mit der Gesellschaft zur Rettung der Meeressäugetiere (GSM) auf die Gefahren für die Schweinswale hingewiesen. Der NABU empfiehlt andere, umweltfreundliche

Fangmethoden für die Fischerei, wozu u. a. Langleinen und Fischfallen gehören. In Schweden gibt es bereits fortschrittliche Fischer, die mit den neuen Methoden fischen. Von Vorteil für die Qualität von Frischfisch ist vor allem der mit Langleinen gefangene Fisch, da die Fische einen besseren Geschmack haben als die in Stellnetzen verendeten Fische und einen besseren Preis am Markt erzielten.

6.4 Natürliche Feinde

Dass auch die Schweinswale natürliche Feinde haben, ist grundsätzlich nichts Ungewöhnliches. Orcas und der Große Tümmler z. B. jagen die Schweinswale. Jedoch wurde erst neuerdings wissenschaftlich nachgewiesen, dass daneben auch die Kegelrobbe zu einem Hauptfeind für Schweinswale geworden ist.

Kegelrobben zeigen laut einer Studie ganz neue Verhaltensweisen. Forscher fanden heraus, dass, wenn sich die Jagdareale der Kegelrobben und Schweinswale überschneiden, es unweigerlich zum Konflikt zwischen beiden Arten um die Fischnahrung kommt. Ursache hierfür sind möglicherweise zunehmend leergefischte Meeresareale. Dabei attackieren die Kegelrobben den Nahrungskonkurrent Schweinswal vor allem in der Nordsee – nicht aber in der Ostsee, in der nur wenige Kegelrobben auf wenige Schweinswale treffen. Sie fügen ihnen dabei lebensgefährliche Bisswunden zu. Schweinswalexperten gehen sogar davon aus, dass Schweinswale für Kegelrobben nicht nur Nahrungskonkurrenten, sondern auch Nahrungsquelle sind. Kegelrobben greifen Jungtiere wegen ihrer Fettschicht an.

Laut einer niederländischen Studie sind Kegelrobbenbisse für 17 % toter Schweinswale ursächlich. DNA-Proben an gestrandeten Schweinswalen haben ergeben, dass die untersuchten Biss- und Kratzspuren am Körper der kleinen Wale von Kegelrobben stammen. Bei einer Untersuchung von über 1 000 toten, gestrandeten Schweinswalen wurden vor allem Wunden in der Fettschicht ausgemacht. Die Analysen ergaben weiter, dass die Tiere an den Bissverletzungen verblutet sind.

Neben dem Beifang (20 % der Todesfälle), Infektionskrankheiten (18 % der Todesfälle) und Auszehrung (14 % der Todesfälle) gehören die Attacken der Kegelrobben inzwischen zu den Haupttodesursachen der Schweinswale (derstandard.at 2014).

7 Schutzbemühungen für Schweinswale

7.1 Projekte zum Schutz der Schweinswale in der Ostsee – Übersicht

Die Gesellschaft zum Schutz der Meeressäugetiere

Dr. Andreas Pfander gibt Auskunft:

Die Gesellschaft zum Schutz der Meeressäugetiere wurde 1978 von der Meeresbiologin Petra Deimer gegründet. Das Ziel der Gesellschaft war ein umfassender Schutz der Meeressäugetiere weltweit. Wie die engagierte Wal- und Tierschützerin im Vorwort in »Das Buch der Wale« (erschienen 1983 bei Hoffmann und Campe) angesichts einer globalen Bedrohung schreibt:
»Ich kann nur hoffen, dass der Mensch ein Einsehen mit diesen intelligenten Meeressäugern hat und endlich damit anfängt, sie zu achten, anstatt sie systematisch zu vernichten. Denn der Wal ist nicht der Feind der Menschen, aber der Mensch kam als Feind der Wale. In nur wenigen Jahrzehnten hat er diese Tiere ohne Wehr und Waffen auf der Suche nach dem flüssigen Gold, dem Waltran, mit moderner Technik an den Rand der Ausrottung gebracht.« Ähnlich äußert sich Petra Deimer auch in dem 1986 erschienenen Buch der Robben, nachdem es ihr gelungen war, ein Importverbot für die weißen Felle junger Sattelrobben nach schwierigen Verhandlungen mit der Pelzindustrie auf den Weg zu bringen. Als Beraterin der Delegation der BRD nahm sie an den jährlichen Tagungen der IWC teil und hat am Zustandekommen des Walfangmoratoriums 1986 mitgewirkt. 1980 wurde ich (Dr. Andreas Pfander) in die Gesellschaft aufgenommen und, da ich über gute Kontakte zu den lokalen Fischern verfügte, kam mir bald die Aufgabe zu, mich um den Schutz des Schweinswals zu kümmern, von dem bekannt war, dass er sich häufig in Grundstellnetzen verhedderte und so zu Tode kam. 2002 startete die GSM im Anschluss an ein dänisches Programm, das im November 2002 ausgelaufen war, das Projekt »Schweinswale gesucht«, um insbesondere Wassersportler zu veranlassen, Beobachtungen von Schweinswalen zu melden. Das sehr erfolgreiche Projekt wird heute vom Deutschen Meeresmuseum in Stralsund fortgeführt: Jährlich werden die Sichtungen auf einer interaktiven Karte veröffentlicht. Petra Deimer und die GSM wurden, neben vielen anderen Ehrungen, 2007 mit dem 2. ASCOBANS Outreach and Education Award ausgezeichnet. Diese Auszeichnung wird auch von der Sea Watch Foundation und der European Cetacean Society mitgetragen.

Zur Situation des Schweinswals in der Ostsee führt Dr. ANDREAS PFANDER aus:

Da bereits in den 1980er-Jahren angenommen wurde, dass der Bestand von Schweinswalen im Allgemeinen, besonders aber auch in der Ostsee zurückgeht, sahen sich die Europäische Union und die Anrainerstaaten genötigt, eine Bestandsaufnahme in europäischen Gewässern durchzuführen und gegebenenfalls Schutzmaßnahmen zu ergreifen. Dazu wurde im September 1991 das Abkommen ASCOBANS (Agreement of the Conservation of Small Cetaceans in the Baltic, North East Atlantic, Irish and North Seas) zum Schutz der Kleinwale in der Nord- und Ostsee, des Nordostatlantiks sowie der Irischen See unterzeichnet, das im März 1994 in Kraft trat. Die Bundesrepublik Deutschland gehörte von Anfang an zu den Vertragsstaaten. Dem regionalen Schutzabkommen können insbesondere diejenigen Anrainerländer beitreten, die in dem Verbreitungsgebiet einer ASCOBANS-Tierart (alle in dem Gebiet vorkommenden Zahnwalarten mit Ausnahme des Pottwals) Hoheitsrechte ausüben.

Nachtaufnahme eines Ostsee-Schweinswals. In der Ostsee ist der Bestand deutlich geringer als in der Nordsee. Zügige Schutzmaßnahmen sind dringend geboten, um die kleine Ostsee-Schweinswalpopulation zu erhalten. Foto: FLORIAN GRANER.

Damit kam dem Schweinswal als der einzigen in der Ostsee heimischen Walart in dem Schutzabkommen eine herausragende Bedeutung zu. Als Konsequenz wurde auf der 4. Konferenz der ASCOBANS-Vertragsstaaten, nachdem bereits

1996 die Umweltschutz-Kommission der UN (IUCN) wie auch wiederholt die IWC (Internationale Walfangkommission) den Bestand des Ostseeschweinswals als sehr gefährdet eingestuft hatte, im polnischen Jastarnia 2002 ein dezidierter Plan zur Erholung des Schweinswalbestandes in der zentralen Ostsee – der sogenannte Jastarnia-Plan – verabschiedet. Dies wiederum führte u. a. in Zusammenarbeit mit der Habitat-Directive EU-LIFE zum Projekt SAMBAH (Static Acoustic Monitoring of the Baltic Sea Harbour porpoise – statische akustische Erfassung des Ostseeschweinswals). Dabei wurden 304 der sogenannten PODs, das sind Geräte oder Messstationen, die die Klicklaute vorüberschwimmender Schweinswale automatisch aufzeichnen und speichern, in der gesamten Ostsee – von der Darßer Schwelle bis zum Finnischen Meerbusen – ausgebracht und regelmäßig ausgelesen.

Eine abschließende Konferenz, auf der die Ergebnisse vorgestellt wurden, fand in Kolmarden in Schweden statt.

Nach den dort vorgestellten Ergebnissen findet sich die größte Anzahl von Schweinswalen im Südwesten des zentralen Baltischen Meeres in einem Gebiet zwischen Seeland, Schonen, Falster und Rügen. Hier halten sich im Winter durchschnittlich über 3500 (geschätzt liegen die Schwankungen zwischen 1414 und 8043 Tieren) Schweinswale auf. Ein Teil davon schwimmt im Sommer und während der Fortpflanzungszeit zwischen Juli und August in die zentrale und nordöstliche Ostsee, wo durchschnittlich 490 (geschätzt liegen die Schwankungen zwischen 92 – 972 Tieren) Schweinswale gezählt wurden. Da man jetzt herausgefunden hat, wo sich diese Schweinswale, die nach genetischen und anatomischen Merkmalen eine eigene Population, wenn nicht sogar Unterart darstellen, aufhalten, und auch wohin sie wandern, ergibt sich daraus die Notwendigkeit, weitere Meeresschutzgebiete einzurichten oder bereits vorhandene MPAs (Marine Protected Areas) des HELCOM Vertragswerkes [1974 als Helsinki-Konvention gegründetes Vertragswerk für den Meeresumweltschutz der Ostsee; 1992 in Helsinki-(Baltic Marine Environment Protection) Commission umbenannt] zu erweitern. Dies gilt insbesondere für das Seegebiet, in dem sich die Hoheitsbereiche Schwedens, Polens und der Baltischen Staaten treffen und was nach den bisherigen Erkenntnissen ein wichtiges Fortpflanzungs- und Aufzuchtgebiet für den Ostseeschweinswal ist.

In der westlichen Ostsee zwischen dem Kattegat und der Kieler Bucht lebt und schwimmt eine weitere Population des Ostseeschweinswals, die sich kaum mit der bisher besprochenen Population der zentralen Ostsee, aber auch nicht mit der der Nordsee einschließlich des Skagerraks vermischt. Hier gibt es wesentlich mehr Schweinswale als im Osten, wie man durch Befliegungen, durch Schiffsurveys, PODs und durch mit Sendern versehene Schweinswale, aber auch durch Sichtungsmeldungen feststellen konnte.

Besenderter Schweinswal: Ein Schweinswal bekommt in die Finne einen Sender eingebracht, um seine Wanderungen zu beobachten. Währenddessen wird sein Körper mit einem feuchten Tuch bedeckt, damit das Tier nicht überhitzt. Dann wird der kleine Wal wieder im Meer freigelassen. Foto: Andreas Pfander.

Allerdings hatte ihre Anzahl im Kattegat und der Beltsee zwischen 1994 und 2005 bei den überwiegend von Schiffen aus durchgeführten Zählungen im Rahmen von SCANS I und SCANS II (siehe Kapitel 7.6 und 7.7) von 27 767 auf 10 865 Individuen abgenommen. Dies entspricht einem Rückgang um fast 60 %. Das Ergebnis der Zählungen ist wegen der Schätzgenauigkeit nicht vergleichbar und damit statistisch nicht signifikant.

2012 hat ASCOBANS in einem weiteren 12-Punkte-Plan auch diese Schweinswale mit einbezogen. Bereits seit 2003 gibt es entsprechende FFH- oder Natura-2000-Gebiete zwischen der Flensburger Förde und der Insel Fehmarn.

Nun ist ein FFH-Gebiet nicht gleichbedeutend mit einem Schweinswalschutzgebiet, wie es z.B. schon seit Längerem für die Flensburger Förde und den anschließenden südlichen Kleinen Belt gefordert wird, das aber, da wirtschaftliche Interessen auf beiden Seiten der deutsch-dänischen Grenze dem entgegenstehen, bisher noch unrealistisch erscheint. Grundsätzlich bietet ein von einer Landesregierung eingerichtetes Naturschutzgebiet (NSG) mehr Schutz als ein FFH-Gebiet, da alle Lebewesen (und nicht speziell vom europäischen Rat ausgewiesene bedrohte Arten) darin geschützt werden. Bei einem NSG stellt die nationale Gesetzgebung alle darin vorkommenden Pflanzen, Tiere und Lebensräume unter einen strengen Schutz. Im Unterschied dazu basieren FFH-Gebiete auf der europäischen Gesetzgebung, die Nationalstaaten dazu verpflichtet, besondere Naturschutzgebiete einzurichten, allerdings nur für Lebensräume und Arten, die in den Anhängen I und II der FFH-Richtlinie verzeichnet sind. Dabei kann es vorkommen, dass in FFH-Gebieten wirtschaftliche Aktivitäten durchaus erlaubt sind, wie beispielsweise die Bewirtschaftung landwirtschaftlicher Flächen, Bauprojekte (Windparks onshore und offshore), Fischerei, Abbau von Kies u. a.

7.2 Schutzmaßnahmen

7.2.1 Scheuchgeräte an Stellnetzen – Pinger

Seit 2007 gibt es innerhalb der EU Scheuchvorrichtungen oder Lärmsignalgeber, die an den Stellnetzen angebracht sind. Sie heißen mit dem Fachbegriff Pinger und sollen die Schweinwale auf die Netze aufmerksam machen.

»Nicht alle Stellnetze müssen mit Pingern ausgerüstet sein. Küstenfischer mit einem Fischerboot unter 12 m Länge brauchen das nicht. Diese Verordnung trifft nur die großen Fischereiflotten«, erklärt Anja Gallus vom Meeresmuseum in Stralsund.

Der Meeresbiologe und ehrenamtliche Mitarbeiter bei Greenpeace Hamburg, Lothar Hennemann: »2012 wurden 132 tote Schweinswale an die Nordseeküsten in Schleswig-Holstein angespült. Insgesamt sterben in der Nord- und Ostsee bis zu 10 000 Schweinswale jährlich durch Grundstellnetze. Um den Schweinswal-Beifang der Fischer zu verringern, werden mittlerweile bei einigen Netzen im Abstand von 30 Metern sogenannte Pinger an die Fischernetze angebracht. Diese sind aber batteriebetrieben, teuer und unter Wasser recht laut. Die Fischer müssen die Pinger zudem immer wieder auf ihre Funktionsfähigkeit hin prüfen (sie sind wartungsintensiv). Für die Schweinswale fordert Greenpeace deshalb Meeresschutzgebiete, in denen die Fischerei und die Förderung von Kies und Sand vom Meeresboden komplett verboten sind. Diese Forderungen müssen auch in den bereits bestehenden Schutzgebieten der Nord- und Ostsee umgesetzt werden.«

Oft werden die Schweinswale nicht sehr alt. Viele Schweinswale geraten bereits im Alter von bis zu einem Jahr in ein Stellnetz. Foto: Jan Haelters, WDC.

Derzeit werden unterschiedliche Pingerlösungen getestet, so auch der interaktive Pinger, der nur dann ein Signal sendet, wenn wirklich auch Schweinswale in die Nähe des Netzes schwimmen. Pinger werden unter Forschern auch kritisch gesehen, da die Schweinswale schnell lernen und sich an das Geräusch gewöhnen – sie können es sogar als Aufforderung verstehen, am Netz nach Nahrung zu suchen. Damit würden die Pinger die Gefahr für die Schweinswale nicht mindern, sondern noch steigern. In Schutzgebieten haben Pinger zudem gar nichts verloren, da die industrielle Lärmquelle in diesen Gebieten so gering wie möglich gehalten werden soll. Denn sonst werden die Schweinswale aus den Schutzgebieten vertrieben, die eigens für sie und ihren Schutz eingerichtet wurden.

7.2.2 Schallminderung bei Windkraftanlagen

Bei den Bagger- und Rammarbeiten zum Anbringen einer Offshore-Windkraftanlage werden Stahlpfähle durch zahlreiche ohrenbetäubende Schläge metertief in den Meeresboden gerammt. Für solche Arbeiten gibt es derzeit in der Erprobung befindliche Methoden, um die Schweinswale etwas zu schützen: Es werden Sonar-Bojen um das Baugebiet ausgebracht, um die Schweinswale vom Lärmgebiet fernzuhalten. Bei Ramm- und Sprengarbeiten werden um die Gebiete des Eingriffs auch sogenannte Blasenschleier, aufsteigende Luftbläschenvorhänge, gelegt, um den Schall abzudämpfen (Koschinski & Lüdemann 2012).

Ob diese Methoden ausreichen, um das empfindliche Gehör der kleinen Meeressäuger zu schützen, bleibt fraglich. Sollten die Tiere zu nah an solche Gebiete heranschwimmen, können sie unmittelbar sterben oder es können Gehörschäden und Verhaltensänderungen auftreten.

7.2.3 Ausweisung von Schutzgebieten

Darüber hinaus gibt es Maßnahmen, um Schutzgebiete für Wale auszuweisen. Diese Verfahren sind langwierig und können nur in konzertierter Aktion, unter Einschluss aller beteiligten Interessen, durchgeführt werden (siehe hierzu auch die Ausführungen im Kapitel 7.8).

Auch in Schutzgebieten sind Schweinswale nicht immer geschützt. Wichtig ist, dass effektive Vereinbarungen zum Verbot von Stellnetzfischerei oder anderen Fischereiaktivitäten mit den verantwortlichen Landesregierungen und auch den EU-Ländern getroffen werden. Foto: WDC.

7.3 Tierschutzforschung für Schweinswale

Florian Graner kurz vor dem Abtauchen in Seattle in den USA. Copyright: Florian Graner.

Bei den Beobachtungen von Schweinswalen in freier Wildbahn führte Schweinswalexperte und Unterwasserfilmer Dr. Florian Graner zwischen 1996 und 2002 auch einige Versuche mit Stellnetzen durch, um das Verhalten der kleinen Wale gegenüber den für das menschliche Auge fast unsichtbaren Netzen zu erforschen. Er stellte fest, dass die in den Fjorden für den Lachsfang üblichen Stellnetze von den Schweinswalen durchaus wahrgenommen und erkannt werden, wenn sie an der Wasseroberfläche mit Schwimmern versehen sind. Ausschlaggebend für das Erkennen der Netze waren zwar nicht die Schwimmer, doch die Tatsache, dass die Schwimmer die Netze an der Wasseroberfläche hielten, war eine echte Hilfe für die kleinen Wale, weil sie so die Netze beim Schwimmen mit ihrem Biosonar besser orten konnten. »Entgegen bisheriger Vermutungen von Schweinswalexperten konnten die Schweinswale also die Nylonfischernetze mit ihren Klicks problemlos orten«, sagt Dr. Florian Graner.

Die feinen Netzmaschen mit den Augen zu erkennen, war den Schweinswalen aber vermutlich nicht möglich: »Mit den Augen eher nicht, dafür waren sie zu weit ab von den Netzen bzw. ich habe sie nicht so nah an den Netzen gesehen.«

Während seiner Forschungszeit im Sognefjord konnte Dr. Florian Graner keinen Beifang von Schweinswalen registrieren, obwohl ihn für einen guten Monat Forscherinnen und Forscher aus Kanada, den USA und Schweden begleiteten, die mit dieser Methode Schweinswale fangen wollten, um sie mit einem Sender auszustatten.

Lage der Bay of Fundy zwischen den kanadischen Provinzen Nova Scotia und New Brunswick am Golf von Maine. Grafik: Elisabeth Galas.

Im Atlantik, bei der kanadischen Bay of Fundy, hatte dieses Verfahren funktioniert. Was also war anders? »Schweinswale sind hochintelligente Zahnwale, die sehr lernfähig sind und Gefahren im Wasser auch ausweichen können, wenn sie diese wahrnehmen«, meint Dr. Graner. »Der Trick bei Schweinswalen ist, dass sie ihre eng ausgerichteten Sonar-Klicks nach vorne in die Richtung abschicken, in die sie schwimmen. Die Schweinswale im Sognefjord haben meist keinen Grund, am Meeresboden nach Fischen zu suchen, denn der Sognefjord ist der tiefste Fjord der Welt. Deshalb suchen sie im Freiwasser nach Sprotten und jungen Heringen und schicken ihre Ortungsklicks also eher horizontal ab – und diese treffen dann auf die Netze, sodass sie auch erkannt werden«, wie Dr. Graners Versuche bewiesen haben.

Anders verhält es sich in flacheren Gewässern, also z. B. in der Bay of Fundy und in der Nord- und Ostsee: Die Schweinswale richten in flachen Gewässern ihre Sonar-Klicks vorrangig auf den Meeresgrund und erkennen deshalb die Netze nicht.

Dieses Risiko besteht auch in Fjorden, die stärker befischt werden und in denen frei im Wasser schwimmende Jungheringe knapp sind. Das zwingt Schweinswale dazu, Nahrung am Grund zu suchen. Sie tauchen dann zum Meeresboden und nehmen im Wasser eine schräge, fast senkrechte Körperposition mit dem Kopf nach unten geneigt ein. Dabei suchen sie mit ihrer Schnauze und den Klicks den Boden nach Grundeln, Plattfischen, Schollen, Tintenfischen und Krebsen ab – sogenanntes »Bottom-Grubbing«. Nach Bodenfischen suchend bewegen sich die Schweinswale dann vorwärts und senden ihre Klicks fast senkrecht in den Boden. Dabei ist es ihnen unmöglich, plötzlich vor ihnen stehende Grundstellnetze zu orten. Sie stoßen mit dem Kopf an das Netz an, erschrecken sich, machen eine 180-Grad-Drehung mit der Fluke und verheddern sich mit den Flossen oft in den Netzmaschen. Diese Begegnungen enden meist tödlich und qualvoll durch Ersticken, wenn der damit ausgelöste Stress die Tiere nicht vorzeitig erlöst.

7.4 Schweinswalschutzgebiet vor Sylt

Deutschlands nördlichste Insel hat dank ihrer exponierten Lage einiges an Naturerlebnissen zu bieten. Wenn der ständig wehende Westwind etwas nachlässt oder auf östliche Richtung dreht und die Brandung sich beruhigt, hat man eine gute Chance, Schweinswale zu beobachten. »Bei ruhigem Wetter können die Tiere zwischen wenigen Metern vom Strand bis weit draußen schwimmend beobachtet werden. Bei starkem Wellengang jedoch sollte der Beobachter zum richtigen Zeitpunkt am richtigen Ort sein. Grundsätzlich sind die Chancen nicht so schlecht, einen Schweinswal vor Sylt beobachten zu können, da der Westwind nicht ständig weht«, sagt die Schweinswalforscherin Birgit Hussel. Seit mehr als 100 Jahren gilt Sylt als Geheimtipp unter deutschen Naturforschern, weil hier immer wieder Arten von Walen auftauchten, die von großem wissenschaftlichem Interesse sind und sonst nirgendwo in deutschen Gewässern vorkamen.

Schon lange war bekannt, dass Schweinswale sich besonders häufig in Sylter Gewässern aufhalten. So wiesen der Biologe Rolf C. Schmidt zusammen mit Birgit Hussel (Seevogelrettungs- und Naturforschungsstation Sylt e. V.) in den frühen Neunzigern des vergangenen Jahrhunderts nach, dass auf der Route der Fährverbindung zwischen der dänischen Insel Rømø und Sylt regelmäßig Schweinswale beobachtet werden konnten. Zwischen den beiden Inseln liegt das weite Wattenmeer, ein Gebiet, in dem sich die Schweinswale gerne aufhalten. Schmidt und Hussel haben über fünf Jahre Sichtungsmeldungen zwischen 1994 und 1999 gesammelt, und zwar aus zwei unterschiedlichen Perspektiven: vom Fährschiff aus und am Weststrand von Sylt. Forscher und Mitarbeiter der Seevogelrettungs- und Naturforschungsstation Sylt fuhren auf den Fähren (M/V Westerlang; M/V Vikingland) der Rømø-Sylt-Linie mit. Dabei haben sie Backbord und Steuerbord das Meer auf Sichtungen von Schweinswalen beobachtet. Vom Schiff aus gezählt wurden Schweinswale, Robben und Kegelrobben in dem Meeresgebiet sowie ihre Sichtungskoordinaten aufgenommen. Dabei stellten die Forscher fest, dass sich die Schweinswale in der Sylt-Rømø-Bucht aufhalten, einem von Schiffen befahrenen Gewässer, und sich durch den Verkehr nicht stören lassen, sofern das Schiff »berechenbar« ist. Das heißt, die Schweinswale ließen sich besonders dann nicht verschrecken, wenn die Schiffe ihren Kurs hielten. Ganz anders ist die Situation bei Speed-Booten, die z. B. beim Surfcup eingesetzt werden, oder beim Jet-Ski: In dem Fall meiden die Schweinswale das Gebiet. Bei 314 Reisen der genannten Fährlinien wurden 206 Schweinswale gesichtet. Pro Reise wurden maximal bis zu neun Schweinswale gezählt. Die Schweinswale hielten sich bevorzugt über den Unterwasserabhängen, eine weit ins Seegebiet reichende Sandnase, auf. Die Mehrzahl der Schweinswalsichtungen fand bei auflaufendem Wasser statt. Ein Teil der Sichtungen umfasste Mutter-Kind-Gruppen. Die Schweinswale schwammen maximal bis zu 200 Meter von der Fähre entfernt (Schmidt & Hussel 1994).

Außerdem führten die Forscher (zusammen mit anderen Helfern) Sichtungsmeldungen am Weststrand von Sylt durch (BECKMANN & HAAS 1993). Bei den sogenannten Synchronzählungen entdeckte man bereits 1992, dass die Schweinswale regelmäßig von der Westküste aus ins Wattenmeer schwimmen, vor Sylt kalben und (zu der Zeit rein vermutet) sich auch paaren (BECKMANN & HAAS 1993, S. 40). Die Daten zur Kleinwalerfassung an dem vierzig Kilometer langen Strand vor Sylt wurden folgendermaßen erhoben: Zu Beginn der 1990er-Jahre wurde an 18 Punkten des Strandes gleichzeitig im Zweiwochenrhythmus eine Zählung der gesichteten Wale durchgeführt. Das Projekt wurde koordiniert von der Naturschutzgesellschaft Schutzstation Wattenmeer und unterstützt von der Umweltstiftung WWF Deutschland. Beteiligt waren Mitarbeiter der Schutzstation Wattenmeer, Naturschutzverbände und Privatpersonen. Die erhobenen Daten waren ein Beitrag des 1992 auslaufenden Kleinwalprojektes des Bundesministeriums für Umwelt und der Forschungsstelle Wildbiologie der Universität Kiel (BECKMANN & HAAS 1993).

Hussel und Schmidt fanden zudem heraus, dass die Schweinswale im Wattenmeer teilweise auch zutraulich waren. Sie begleiteten Surfer und Badegäste und schwammen mitten ins Badefeld hinein. Sie suchten immer wieder die gleichen Strandabschnitte auf und betrachteten diese als ihre Reviere (SCHMIDT & HUSSEL o. J.).

Man konnte auf Sylt bereits zu dieser Zeit Postkarten mit Fotos von auftauchenden Schweinswalen kaufen. Filmsequenzen von Schweinswalen in der Brandung – neben einem aufblasbaren Spielzeugwal oder hinter einem Surfer – waren die ersten Dokumente für das Vorkommen von Schweinswalen in deutschen Gewässern (KASTELEIN 1997).

Am 3. Juli 1993 strandete ein noch lebendes Schweinswalbaby auf dem Sylter Strand. BIRGIT HUSSEL erinnert sich an die Begebenheit: »Wir hatten hohen Wellengang. Marco war nicht geschwächt, weil er gut genährt war. Er hatte durch die hohen Wellen seine Mutter verloren bzw. konnte, weil er so hoch auf den Sand »geworfen« worden war, nicht allein wieder ins ebbende Meer zurückkommen. Die Mutter konnte bei dem hohen Wellengang nicht entdeckt werden.« Das Schweinswalbaby wurde ausgeflogen und konnte in einer holländischen Einrichtung rehabilitiert werden. Als »Marco« erlangte es eine gewisse Berühmtheit, denn bis dahin war es noch nie gelungen, einen so jungen Schweinswal mit einem geschätzten Alter zwischen vier bis sechs Wochen erfolgreich aufzuziehen. Bis 1997 gab es auf Sylt fünf weitere Lebendstrandungen von juvenilen Schweinswalen, von denen drei dank des engagierten Einsatzes von BIRGIT HUSSEL und ROLF C. SCHMIDT gesund und überlebensfähig wieder in die Nordsee entlassen werden konnten.

Dr. Andreas Pfander berichtet:

Anfang der 1990er-Jahre wurde von der Seevogelrettungs- und Naturforschungsstation Sylt e. V., von der Schutzstation Wattenmeer und der Gesellschaft zum Schutz der Meeressäuger die Forderung nach einem Schutzgebiet für Schweinswale vor Sylt erhoben. Aber erst nach der SCANS genannten »Walzählung« von 1994 und nachdem die Befliegungen des damaligen Forschungs- und Technologie-Zentrums Westküste der Universität Kiel eine hohe Dichte von Schweinswalen in dem Seegebiet vor Sylt und Amrum bestätigt hatten, entschloss sich 1999 die damalige, rot-grüne Landesregierung Schleswig-Holsteins, ein solches Schutzgebiet im Nationalpark Schleswig-Holsteinisches Wattenmeer vor Sylt einzurichten.

Aber schon bald ergaben sich fischereirechtliche und bürokratische Konflikte um dieses Schutzgebiet. Die Schleswig-Holsteinische Landesregierung hatte versäumt, dieses Schutzgebiet auch bei der EU anzumelden, so dass wirtschaftliche Aktivitäten nicht ausgeschlossen werden konnten, wie beispielsweise die Fischerei anderer EU-Länder im Schutzgebiet. Der NABU Schleswig-Holstein, die Gesellschaft zur Rettung der Delphine und die Deutsche Umwelthilfe forderten den damaligen grünen Umweltminister Klaus Müller auf, Stellnetze jeglicher Höhe aus dem Schweinswalschutzgebiet vor Sylt zu verbannen. Das Ministerium hatte sich auf eine dänische Studie gestützt, die behauptete, dass sich in den dort ausgebrachten Seezungen-Netzen keine Schweinswale verfingen und – gestützt auf die damals geltende Küstenfischereiordnung – Stellnetze bis zu einer Höhe von 1,30 Metern erlaubte. Die Naturschutzverbände stützten sich auf eine andere Studie, die sehr wohl den Nachweis erbrachte, dass Schweinswale auch in niedrigen Stellnetzen zu Tode kamen, sodass allein aus wissenschaftlichen Gründen die Netzhöhe bei einem direkten Vergleich nicht ausschlaggebend sei.

Diese Diskussion ist bis heute nicht beendet. Dänische Fischer, die aufgrund historischer Rechte in dem Gebiet weiterhin Stellnetze ausbringen, verweisen darauf, dass Pinger (akustische Warngeräte) in den Netzen international als geeignete Maßnahme zur Verhütung des Beifangs von Schweinswalen und anderen kleinen Delfinarten gelten und von der EU anerkannt sind.

Dank Forschungen an »Marco« konnte festgestellt werden, dass Schweinswale/Delphine Stellnetze sehr wohl orten können. Weil sie aber ihren Ortungssinn nicht ständig »eingeschaltet« haben, gelangen sie unfallmäßig in die Netze.

7.5 Ausweitung des Schweinswalschutzgebietes

Dr. Andreas Pfander erläutert:

Ein weiterer Schritt zum Schutz der Schweinswale war die Ausweitung des Schutzgebietes in die sogenannte Ausschließliche Wirtschaftszone (AWZ), die nicht mehr zum Land Schleswig-Holstein, sondern zur Bundesrepublik Deutschland gehört. Als erstes Land hat Deutschland 2004 das Vogelschutzgebiet Östliche Deutsche Bucht sowie die drei Schutzgebiete Doggerbank, Sylter Außenriff und Borkum Riffgrund als küstenferne Meeresschutzgebiete an die EU gemeldet. 2007 wurde das Gebiet als Special Protected Area (SPA) deklariert. Das ist im Sinne des Schweinswalschutzes, da Schweinswale sich in der Nordsee über ein größeres Gebiet verteilen und man davon ausgeht, dass das Gebiet während der Winterzeit auch von Schweinswalen von der niederländischen Küste aufgesucht wird.

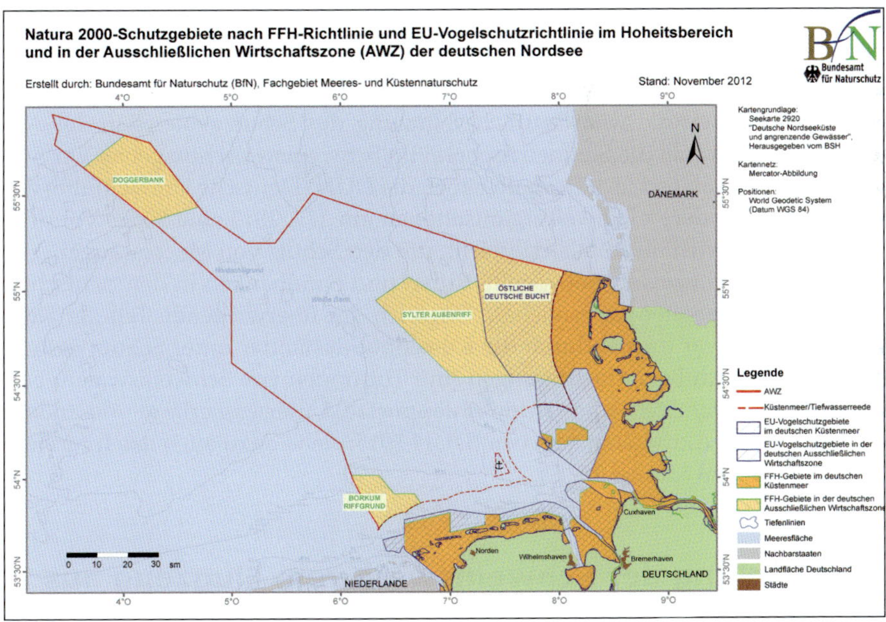

Natura-2000-Schutzgebiete im Hoheitsbereich und in der Ausschließlichen Wirtschaftszone der deutschen Nordsee. Karte: Bundesamt für Naturschutz (BfN), Fachgebiet Meeres- und Küstennaturschutz; Kartengrundlage: Seekarte 2920 »Deutsche Nordseeküste und angrenzende Gewässer«, herausgegeben vom BSH.

Dr. Andreas Pfander führt weiter aus:

Schon im Vorfeld gab es hier starken Widerstand, da in diesem Gebiet Kiesabbau in großem Umfang stattfindet, Bodenschätze, insbesondere Erdölvorkommen, vermutet werden und Offshore-Windparks errichtet werden sollen.

Im Rahmen der Genehmigung und Errichtung z. B. des Offshore-Windparks Butendiek erhoben Naturschutzverbände, insbesondere der NABU, Einspruch. Im Kern ging es um die während der Rammarbeiten auftretenden Schallemissionen, die geeignet sind, das Gehör des Schweinswals vorübergehend oder auch dauernd zu schädigen – mit fatalen Folgen für ein Meeressäugetier, das bei der Nahrungssuche, zur Orientierung und zur Kommunikation angewiesen ist auf ein intaktes Gehör, das Frequenzen bis zu 150 kHz aufnehmen kann.

Von Regierungsseite, insbesondere vom federführenden Bundesamt für Schifffahrt und Hydrographie (BSH) wurde in einem Verfahren vor dem Bundesverwaltungsgericht in Köln darauf hingewiesen, dass zwar Befliegungen ergeben hätten, dass die Anzahl der Schweinswale in dem Gebiet abgenommen hätte, dass aber bei den Rammarbeiten zum Offshore-Windpark Butendiek die strengen Schallgrenzwerte eingehalten wurden. Dabei beruft man sich auf Untersuchungen zur Verminderung der Schallemissionen durch einen Blasenschleiervorhang, dessen Wirksamkeit aber aus verschiedenen Gründen bezweifelt wird.

Die Konflikte um die wirtschaftliche Nutzung des Schutzgebietes in der Außenwirtschaftszone, die Stellnetzfischerei im Schweinswalschutzgebiet vor Sylt bestehen unverändert fort. Deshalb haben die DUH (Deutsche Umwelthilfe) zusammen mit anderen Umweltorganisationen am 27.1.2015 eine Klage vor dem Verwaltungsgericht in Köln eingereicht, um den Schutz von Meeressäugetieren wie den Schweinswalen, Seevögeln, Riffen und Sandbänken in den deutschen Natura-2000-Gebieten zu erreichen. Obgleich der überwiegende Teil der Küstengewässer zwar formal durch die Küstenbundesländer unter Schutz gestellt ist, sind dennoch Beeinträchtigungen (mit Totfunden von Schweinswalen) beispielsweise durch Stell- und Grundschleppnetze, Unterwasserlärm und andere wirtschaftliche Aktivitäten gegeben (DUH 2015; siehe dazu auch das Interview mit der WDC im Kapitel 7.8.6.).

7.6 Zählung der Schweinswale vom Flugzeug aus – SCANS I

Kontinuierlich wird das Schweinswalvorkommen in der Deutschen Bucht und auch im Schweinswalschutzgebiet vor Sylt durch Befliegungen und mithilfe akustischer Messgräte überwacht. Im Juni und Juli 2013 wurden vom Flugzeug aus in den Gewässern des Sylter Außenriffs auf einer Strecke von 2 832 km 464 Gruppen mit 588 Schweinswalen gesichtet, etwa 50 davon waren Jungtiere. Vielleicht gelingt es durch solche Zählungen, langfristige Tendenzen des Wanderungsverhaltens der Schweinswale in der südlichen Nordsee zwischen der niederländischen Küste und den Nordfriesischen Inseln zu erforschen.

Zählungen von Schweinswalen per Flugzeug sind wetterabhängig. Sichere Ergebnisse über die Populationsdichte von Schweinswalen in bestimmten Arealen werden neuerdings durch wetterunabhängige Aufzeichnungen mithilfe von Unterwassermikrofonen erzielt.

Meeresbiologe und Schweinswalexperte Dr. Ralf Sonntag. Foto: Copyright: Ralf Sonntag.

Meeresbiologe Dr. Ralf Sonntag und (zur Zeit des Interviews) Landesdirektor des IFAW (Internationaler Tierschutz-Fonds in Hamburg) hatte sich zusammen mit Kollegen in den 1990er-Jahren für die Einrichtung des Walschutzgebietes vor Sylt und Amrum engagiert. Im September 1995 übernahm er an der Universität Kiel von Dr. Harald Benke (jetzt Meeresmuseum Stralsund) dessen Kleinwalprojekt. Seine Aufgabe bestand damals u. a. darin, die Projektkoordinierung und Flugzählung der Schweinswale vor den Küsten Sylts, Amrums, Schleswig-Holsteins, Niedersachsens und der Kieler Bucht zu leiten.

Ein bereits 1994 synchron verlaufendes Projekt hieß SCANS (Small Cetaceans Abundance in the North Sea) und deckte die Zählungen der Kleinwale per Flugzeug und Schiff in der gesamten Nord- und Ostsee ab. Die Zählungen wurden gleichzeitig auch in Frankreich, Dänemark, Großbritannien, Irland, den Niederlanden, Norwegen und Schweden durchgeführt.

Mit SCANS sollte herausgefunden werden, in welchen Meeresgebieten sich die Schweinswale und anderen Kleinwale im Sommer aufhalten und wie hoch die Bestandszahlen im Untersuchungsgebiet sind. Weitere Flugzählungen im Rahmen des Kleinwalprojektes fanden bereits 1992 und dann wieder 1995 und 1996 in den deutschen Seegebieten statt. Eine Zielsetzung hier war, die besonders wichtigen Gebiete für die Schweinswale zu identifizieren, beispielsweise mögliche Aufzuchtgebiete. Diese sind besonders wichtig, um die Tiere zu schützen.

Zweimotorige Partenavia Observer, die bei der Flugzeugzählung eingesetzt wurde. Copyright: Ralf Sonntag.

Blick vom Bubble-Fenster aus aufs Meer bei der Flugzeugzählung. Dr. Ralf Sonntag hält ein Aufnahmegerät in der Hand, mit dem er die Position der gesichteten Schweinswale im Meer aufnimmt. Copyright: Ralf Sonntag.

!

Ralf Sonntag: »Wir waren bei SCANS ca. 6 Wochen im Flieger bzw. auf Flughäfen gesessen und haben die Küstengebiete in Survey-Blöcke aufgeteilt. Morgens nahmen wir Verbindung mit dem Piloten auf und erkundigten uns nach dem Wetterbericht. Wir konnten nur bei gutem Wetter fliegen, da bei zu hohem Wellengang die Kleinwale vom Flugzeug aus nicht sichtbar sind. Die Windstärke sollte so zwischen 0,1 und maximal 3 sein, auf keinen Fall stärker, sonst bilden sich auf der Meeresoberfläche zu viele Schaumkronen.«

Mit einem von der Universität Kiel gecharterten Flugzeug, einer eigens für derartige Zählungen gebauten zweimotorigen Partenavia Observer, ging es dann hoch gen Himmel – einer konstanten Flughöhe von 600 Fuß bzw. 200 Meter über dem Meer. Geflogen ist die Maschine in Zick-Zack-Linien gemäß der Line-Transect-Methode über dem abgesteckten Gebiet, das in mehrere Blöcke A–I aufgeteilt wurde.

Das Flugzeug war ein echtes Sichtungsflugzeug mit hinten zwei ausgebeulten Fenstern, sogenannten Bubble Windows, die nach außen gewölbt sind und eine gute Rundsicht auf die Meeresoberfläche ermöglichen.

»Die Bubble Windows vermeiden den toten Winkel. So kann man mit bloßem Auge auf das Meer von oben blicken. Immer wenn wir Schweinswalfinnen gesehen haben, fragten wir den Piloten nach der Position. Diese sprachen wir dann auf ein Tonband zusammen mit der Schweinswalsichtung. Die Tonbandaufnahme hörte sich hinterher in etwa so an: *Schweinswal mit Jungtier – Position: – in etwa 200 Meter von der Fluglinie entfernt gesichtet*. Vor Sylt und Amrum sahen wir die meisten Tiere. Dafür haben wir im südlichen Wattenmeer und vor der Küste Niedersachsens damals keine Schweinswale gesehen, insbesondere keine Kälber.« (Benke & Sonntag 1995, S. 14.)

»Die Flugzeugzählungen sollten beweisen, wie viele Kleinwale tatsächlich in den heimischen Gewässern schwimmen und welche Rolle die Gewässer vor Sylt und Amrum spielen. Interessanterweise kam bei den Zählungen heraus, dass sich vor Sylt und Amrum wirklich die Kinderstube der Kleinwale befindet, also, dass die Schweinswale hier kalben und ihre Jungen aufziehen. Sylt und Amrum konnten damit zur Kinderstube und dem Aufzuchtgebiet der Jungtiere der heimischen Schweinswale erklärt werden. Diese Erkenntnisse der Flugzeugzählungen haben dazu beitragen, dass wir das Schweinswalschutzgebiet einfordern und politisch wie öffentlichkeitswirksam durchsetzen konnten. Auch die damalige Umweltministerin Angela Merkel bestätigte diese Ergebnisse. Und so wurde das Schweinswalschutzgebiet nach vielen Diskussionen und Veranstaltungen mit den Anwohnern 1999 beschlossen.«

Vergleichsweise zu anderen Geburts- und Aufzuchtgebieten von Schweinswalen in der Nordsee zeigte sich das Küstengebiet um Sylt und Amrum als das Gebiet mit der höchsten Geburtenrate. Ähnlich hohe Geburtenraten von Schweinswalen sind beispielsweise in der Bay of Fundy vor Kanada und im östlichen Nordpazifik zu beobachten (Sonntag at al. 1999).

Aufgrund von Hochrechnungen ging man früher fälschlich von nur 4 000 bis 5 000 Schweinswalen im deutschen Meeresgebiet aus. Die SCANS-Zählungen stellten aber eine andere Statistik unter Beweis: Allein in der Nordsee konnte die Gesamtpopulation der Schweinswale auf 335 000 Individuen geschätzt werden (Sonntag at al. 1999).

Bei diesen Zahlen sind Fehlerquoten mit eingerechnet. Denn es kann bei den sogenannten optischen Zählungen immer auch zu Überlappungen der Sichtungen, also Doppelzählungen, kommen bzw. können etliche Tiere auch übersehen werden. Durch statistische Methoden und auch durch Mehrfachzählungen lassen sich Fehlerquoten berechnen. In dieser Hinsicht genauer sind die akustischen Zählungen, die aber zu Beginn der 1990er-Jahre noch in den Anfängen lagen. Die Analyse computergesteuerter Messungen akustischer Aufzeichnungen mit Unterwassermikrofonen war zu der Zeit noch nicht voll entwickelt. Einen entscheidenden Beitrag in der Hinsicht lieferte der IFAW, der ein solches Programm an Bord seines Schiffes entwickelte.

Einen Schweinswal vom Boot aus zu beobachten und zu fotografieren, ist so selten wie der Regen in der Wüste. Foto: Ursula Tscherter.

7.7 SCANS II

Um die Bestandszahlen von SCANS I zu aktualisieren, wurde im Rahmen des LIFE-Nature-Programms in zwölf Europäischen Staaten SCANS II ins Leben gerufen. Ziel war die Untersuchung von Kleinwalvorkommen im europäischen Atlantik und in der Nordsee. Mithilfe der neuen Daten sollten neue politische Maßnahmen zum Schutz der Tiere vor Beifang getroffen werden (SCANS-II – Small Cetaceans in the European Atlantic and North Sea. LIFE04 NAT/GB/000245).

Der WWF bezeichnete die ab Juli 2005 durchgeführten Erfassungsfahrten und -flüge per Schiff und Flugzeug im Rahmen von SCANS II als die größte Bestandsaufnahme von Walen, Delfinen und Schweinswalen in europäischen Meeresgewässern. Auch in SCANS II wurde mit der Line-Transect-Methode gearbeitet. Sie bietet den Vorteil, dass Fehler bei den Zählungen der Kleinwale, die auf Schiffe zuschwimmen oder vor ihnen flüchten, mit eingerechnet werden, ebenso die bei der Beobachtung abgetauchten Wale. Zusätzlich wurde mit Unterwassermikrofonen gearbeitet. Hiermit konnten die Klicks der Schweinswale wie auch die Pfiffe der Delfine aufgenommen und in die Zählung mit eingerechnet werden.

Die Beobachtungen ergaben, dass der Schweinswal die am häufigsten angetroffene Walart war, mit einer Population von ungefähr 335 000 Individuen. Die Zählungen 1994 hatten eine Zahl von 341 000 Tieren ergeben, sodass bei SCANS II keine großen Abweichungen zu beobachten waren.

Die ermittelten Zahlen 1994 und 2005 ließen aber keine Rückschlüsse auf die Veränderung der räumlichen Verteilung der Schweinswale zu.

Ergebnis der Studie war auch die Empfehlung an die EU-Mitgliedsstaaten, den Beifang von Schweinswalen zukünftig auf null zu reduzieren. Solange sich aber die Fischerei dazu noch nicht bereit erklärt, sollten die Grenzwerte zumindest so festgelegt werden, dass die Bestände gesichert werden. Die Beifanggrenzen sollten zwischen 0 % und 1,5 % der Bestandsquoten liegen (biology.st-andrews.ac.uk).

7.8 Empfehlungen zum Schutz der Schweinswale

7.8.1 Richtlinien zum Schutz der Schweinswale in der Nordsee

Während die Seevögel über die EU-Vogelschutzrichtlinie geschützt sind, erfolgt der Schutz der Schweinswale einerseits über die FFH-Richtlinie (Fauna-Flora-Habitat-Richtlinie), andererseits über das Kleinwalschutzabkommen, Agreement on the Conservation of Small Cetaceans of the Baltic and North Seas (ASCOBANS). Das ASCOBANS-Abkommen ist ein völkerrechtliches Übereinkommen, das keine Sanktionsmöglichkeiten bei Schutzübertretungen beinhaltet. Ein effektiverer Schutz der Schweinswale ist dagegen über die FFH-Richtlinie in den von der EU

2008 anerkannten FFH-Gebieten möglich. Der Gewöhnliche Schweinswal steht auf dem FFH-Anhang II der zu schützenden Arten. Bei Übertretung der Schutzrichtlinie kann die Europäische Union ein Verletzungsverfahren einleiten.

7.8.2 IFAW

Als das Forschungsschiff Song of the Whale 2011 zur Doggerbank hinausfuhr, um die Schweinswale zu erforschen, benutzte es schweinswalfreundliche Techniken. Dazu gehört die passive Akustik mittels Hydrofonen und die Fotoidentifikation. Diese die Natur und Tiere schonenden Methoden sollten ein verbindlicher Standard in der Forschung sein.

7.8.3 NABU

Umweltschutzverbände, u. a. NABU, fordern die verantwortlichen Bundesminister und Bundeskanzlerin Angela Merkel dazu auf, effektive Maßnahmen für die Meeresschutzgebiete in der Nord- und Ostsee zu verabschieden. Dazu gehört ein Verbot von Grundschleppnetzen in Schutzgebieten, damit sich die bedrohte Art der Schweinswale regenerieren kann. Zudem müssen künftig Stellnetze ausgeschlossen und nachhaltige Fischereimethoden entwickelt werden. Ein Thema, das besonders von der Bundesregierung aufgegriffen werden sollte. Der Einsatz von Pingern verstoße gegen geltendes EU-Umweltrecht (Kaspareit 2014).

7.8.4 Greenpeace

Greenpeace fordert die Bundesregierung mit mehreren Aktionen auf, die Schweinswale in Nord- und Ostsee zu schützen. Eine Greenpeace-Aktion fand 2013 vor dem Landwirtschaftsministerium in Berlin statt. Mit der symbolischen Beerdigung eines Schweinswals wurde die damalige amtierende Landwirtschaftsministerin Ilse Aigner aufgefordert, die Kleinwale effektiv zu schützen. Auf einem Banner »Schützt endlich unsere Wale!« wurde darauf hingewiesen, dass Stellnetze in Schutzgebieten verboten werden sollten. Viele Schweinswale enden in Natura-2000-Meeresschutzgebieten immer noch in den Netzen der Fischer. »Greenpeace fordert, zerstörerische Fischereimethoden in Meeresschutzgebieten komplett zu verbieten. Die ‚Natura-2000'-Schutzgebiete müssen der effektiven Bewahrung unserer Ökosysteme und Arten dienen. Zu diesem Zweck versenkten Greenpeace-Aktivisten bereits mehrmals Felsbrocken in den Schutzgebieten vor der deutschen, schwedischen, niederländischen und polnischen Küste. Diese schützen die Meeresschutzgebiete vor der schädlichen Grundschleppnetzfischerei.« (Rieger 2013)

Protestaktion von Greenpeace gegen die mangelnden Schutzvorschriften gegen die Stellnetzfischerei. Symbolische Beerdigung eines Schweinswals. Foto: Paul Langrock, *Greenpeace.*

Protestaktion zur Rettung der Schweinswale in Nord- und Ostsee von Greenpeace-Mitarbeitern vor einem Ministerium in Berlin. Foto: Paul Langrock, *Greenpeace.*

7.8.5 Gesellschaft zur Rettung der Delfine e. V. (GRD)

Auch die Gesellschaft zur Rettung der Delfine e. V. (GRD) setzt sich intensiv für den Schutz der Schweinswale vor allem in den Flüssen ein. Hierbei wurde ein Schweinswal-Fluss-Projekt ins Leben gerufen. Im folgenden Interview spricht Projektleiterin und Schweinswalexpertin Denise Wenger über die Schwerpunkte.

Die Gesellschaft zur Rettung der Delphine hat ein neues Projekt, ein Schweinswal-Fluss-Projekt. Was war der Anlass für dieses?

Schweinswalexpertin Denise Wenger im Porträt. Foto: Sophia Wenger.

Denise Wenger: »Ganz so neu ist dieses Projekt nicht, es ist nur in den letzten Jahren stärker in den Fokus der Öffentlichkeit gerückt, durch die Bekanntmachung der Ergebnisse des Sichtungsprogramms und da die Schweinswale 2013 in größerer Anzahl und oft aus nächster Nähe in der Elbe vor allem im Hamburger Hafen und entlang des Elbufers von Övelgönne bis Wedel beobachtet werden konnten. Bereits 2007 habe ich bei der Gesellschaft zur Rettung der Delphine e.V. ein Sichtungsprogramm für Schweinswale in den Flüssen ins Leben gerufen und über Zeitungen und Radio gebeten, dass Segler, Kajakfahrer, Fährfahrer und Anwohner Sichtungen der kleinen Wale bei der GRD melden. Anlass waren einige Meldungen von Schweinswalen im Weserästuar [Mündungsbereich der Weser] bei Bremerhaven, und ein Zeitungsbericht über zwei tot aufgefundene Wale bei Nordenham. Das Ergebnis der Sichtungsmeldungen war dann 2007 und 2008 erst einmal überraschend, aber bereits eindeutig: Schweinswale wurden aus Ems, Jade und Weser gemeldet, und in der Weser wurden die kleinen Wale weit flussauf bei Brake und Elsfleth und sogar im Hafen von Bremen gesichtet, wo ein Wehr sie an ihrer Weiterreise hindert.

Jedes Jahr führte ich die Aufrufe durch, ein Online-Meldebogen und Sichtungskarten wurden unter www.schweinswale.de und www.delphinschutz.org ins Internet gestellt und ich erhielt Unterstützung durch die Medien. Bei Auswertung der Daten zeigte sich schon bald ein Muster: Die Wale wurden etwa ab Ende Februar in den Flüssen gesichtet und Ende Mai, Anfang Juni verschwanden sie wieder.

Diese Rückkehr der Schweinswale in vom Menschen stark beeinflusste und beeinträchtigte Gebiete birgt aber auch Risiken für diese geschützte Art und deshalb ist ein Schutzprojekt geboten.«

Warum schwimmen Schweinswale in die Flüsse, was konnte nachgewiesen werden?

Denise Wenger: »Die Schweinswale folgen allem Anschein nach anadromen [flussaufwärts wandernden] Fischarten, vor allem den Stintschwärmen, die aus der Nordsee zu ihren Laichplätzen in Süßwasserbereiche der Flussläufe hochwandern. Das Frühjahrsphänomen, das sich in der Weser seit 2007 regelmäßig zeigen ließ, ereignete sich 2012 und 2013 auch in der Elbe. 2012 erhielt ich erstmals viele Schweinswalmeldungen aus dem Hamburger Gebiet und habe dann für 2013 mehrere Vorbereitungen getroffen und Behörden, Universität, Institute und die Medien informiert. Mithilfe des Wasser- und Schifffahrtsamtes konnten Schweinswal-Klickdetektoren an verschiedenen Stellen in der Elbe installiert werden. Und zum Glück kamen viele Wale und wurden zur Freude der Hamburger Bewohner und Besucher oft vom Elbufer aus gesehen. Leider gab es in dieser einen Saison 26 Totfunde. Viele Informationen über das neuerliche Vorkommen und Verhalten der Kleinen Tümmler in den Flüssen kann man unter www.schweinswale.de und in diesem Buch erfahren. Die genauen Ergebnisse der Studien werden gerade für eine wissenschaftliche Veröffentlichung vorbereitet.«

Zwei Schweinswale tummeln sich in der Elbe und sind auf der Suche nach schmackhaften Fischen. Links im Bild Denise Wenger. Foto: Sophia Wenger.

Welches sind Ihre und die Ziele der GRD?

Denise Wenger: »Ziele sind nun, die näheren Zusammenhänge zu beobachten und wissenschaftlich zu belegen, als auch Aussagen zu Bedrohungsfaktoren und Todesursachen treffen zu können und damit die Grundlagen für konkrete Schutzmaßnahmen zu erarbeiten.

Die Flüsse als stark befahrene Wasserstraßen und der Hamburger Hafen, der in früherer Zeit eigentlich ein Gebiet aus Sandinseln und Laichplatz für Stint und andere Fischarten war, sind heutzutage zwar bestimmt keine geeigneten Lebensräume für die Schweinswale, dennoch waren sie, wie die historischen Daten belegen, und gehören heute wieder als temporärer Teillebensraum auf der Nahrungssuche dazu. Wir können glücklich sein, dass sich durch die Wasserrahmenrichtlinie wenigstens die Wasserqualität der Flüsse verbessert hat und sich die Fischbestände erholt haben, sodass auch Schweinswale wieder regelmäßige Gäste dort sind und in zunehmendem Maße als weitere Meeressäugetierarten Seehunde und nun auch Kegelrobben in der Elbe anzutreffen sind.

Die Schweinswale sind hier allerdings mehreren Gefahren ausgesetzt, zum Beispiel schnell fahrenden Motorbooten. Wir haben mehrere Hinweise auf Verletzungen durch Kollisionen und Schiffsschrauben. Eine temporäre Geschwindigkeitsbegrenzung für die wenigen Monate, in denen sich die Kleinen Tümmler in den Flussläufen aufhalten, ist wünschenswert, Motorbootfahrer müssen besonders gut Acht geben. Wenn ein schnelles Boot einen kleinen Wal überfährt, wird das wahrscheinlich gar nicht bemerkt. Weiterhin könnte sich die dauerhafte Belastung durch anthropogene Lärmeinträge wie z.B. der starke Schiffsverkehr und eingesetzte moderne Sonargeräte negativ auf die Gesundheit der Schweinswale auswirken. Dies reicht von Stress bis hin zu inneren Verletzungen, vorübergehender oder dauerhafter Taubheit. Für den Schutz der Schweinswale können wir am besten sorgen, wenn sich möglichst viele Menschen dafür einsetzen und am Sichtungsprogramm beteiligen, sodass wir genau wissen, wann sie sich wo aufhalten und welche Gebiete besonders wichtig sind. Als Synchronzähltage bieten sich der Ostermontag und der 1. Mai an: Bitte teilnehmen und alle Schweinswalsichtungen mit genauer Uhrzeit und Ortsangabe unter www.schweinswale.de oder telefonisch melden! Alle Meldungen werden an die Behörden weitergegeben und im Internet für die Öffentlichkeit dargestellt.

Alle Totfunde umgehend melden, sodass sie auf Todesursachen, Schadstoffbelastung und anderes wissenschaftlich untersucht werden können. Generell sollte die ökologische Situation der Flussläufe verbessert und nicht verschlechtert werden, um auch die biologische Vielfalt zu fördern. Dies dient letztendlich dann auch dem Schweinswal und uns Menschen.«

Wann erwarten Sie die nächsten Schweinswale in den Flüssen?

Denise Wenger: »Ich rechne auch in den kommenden Jahren, natürlich je nach dem Auftreten anderer Beutefischarten, mit dem Vorkommen der Kleinen Tümmler an der Küste und sofern keine größere Eingriffe stattfinden, damit, dass vermehrt Schweinswale in den Flüssen auftauchen, vor allem bei den Laichgebieten und im Frühjahr.

Ich danke Ihnen für die Gelegenheit, die Schweinswale und näheren Umstände ihrer Reise in die Flüsse und die Datenerhebung vorstellen zu können.«

7.8.6 Whale and Dolphin Conservation (WDC)

WDC ist die weltweit größte Wal- und Delfinschutzorganisation. Sie wurde 1987 in Großbritannien gegründet, ist auch in den USA, Australien und Argentinien vertreten und hat seit 1999 einen Sitz in München. Sie arbeitet politisch unabhängig und finanziert sich über Spenden. Mit Informationen über 80 Wal- und Delfinarten wirbt die Wal- und Delfinschutzorganisation Whale and Dolphin Conservation auf ihrer Homepage http://de.whales.org. Doch Walliebhaber und Leser können sich auch über ihre Patentiere informieren, es gibt eine Kidseite zu Walen speziell für Kinder und viele aktuelle Informationen zum Leben, der Rettung und dem Schutz der Wale.

Im Januar 2015 eröffnete die WDC eine Ausstellung »Die letzten 300 – Was bedeuten dir Schweinswale?« im Meeresmuseum Stralsund. Bundesumweltministerin Barbara Hendricks übernahm die Schirmherrschaft für die Ausstellung. Gezeigt wurden neben Illustrationen, Filmen und Malereien ein Theaterstück des Theaters Fräulein Brehms Tierleben, das eigens ein Stück für Schweinswale konzipiert hatte (WDC 2015).

Fabian Ritter ist Biologe, Meeresschutzexperte bei der WDC und leitet die Kampagne »Walheimat – sichere Schutzgebiete jetzt!«. Mit der Ausstellung »Die letzten 300 – Was bedeuten die Schweinswale?« weist die WDC in Kooperation mit dem Meeresmuseum in Stralsund besonders auf die bedrohte Situation der Schweinswale in der Ostsee hin.

Herr Ritter, was ist der Anlass für die Ausstellung »Die letzten 300 – Was bedeuten dir Schweinswale?« im Meeresmuseum Stralsund?

Mit der Ausstellung wollen wir auf die schlimme Lage der Ostseeschweinswale, vor allem die gefährdete Population der zentralen Ostsee (östlich der Darßer Schwelle), aufmerksam machen. Der Titel der Ausstellung geht auf einen gleichnamigen Wettbewerb zurück. Wir bekamen Einsendungen von fast 100 Beiträgen u. a. mit Malereien, Skulpturen, Liedern, Videos und Illustrationen, die wir auszugsweise in der Ausstellung zeigen. Die Ausstellung ist multimedial und stellt den Schweinwal und seine Gefährdungen in den Mittelpunkt. Vor allem Künstler, Kreative und sehr gut informierte Studenten haben an dem Wettbewerb teilgenommen und für ihre Werke teils hervorragende Recherchearbeit geleistet. Die Ausstellung findet sehr guten Anklang mit allein am Eröffnungstag über 100 Besuchern.

Wie trägt die WDC konkret zum Schutz der Schweinswale bei?

Fabian Ritter: »Es gibt mittlerweile in Europa immer mehr Schutzgebiete auf der Basis der EU-Habitat-Richtlinie. Die jeweiligen Mitgliedsstaaten, darunter auch Deutschland, haben bestimmte Gebiete ausgewiesen, um z. B. Schweinswale und andere Arten, Sandbänke, Riffe, sowohl im Küstenbereich als auch in Teilen der AWZ-Zone, zu schützen. Die seit 2007 existierenden Schutzgebiete stehen aber bisher nur auf dem Papier. Konkrete Schutzmaßnahmen in den Schutzgebieten, so z. B. die Einschränkung der Stellnetzfischerei an der Ostsee oder der Grundschleppnetzfischerei in der Nordsee, sind bisher vom Gesetzgeber nicht getroffen worden. Der Grund dafür ist, dass sich das Bundesministerium für Umwelt und das Landwirtschaftsministerium nicht einigen können, ob und welche konkreten Schutzmaßnahmen festgelegt werden sollen. Wir tragen mit unserer Arbeit und unserer Expertise dazu bei, dass der Druck auf die politische Ebene hoch bleibt und die naturschutzfachlich richtigen Maßnahmen ergriffen werden.«

Aus dem Grund haben Sie Klage erhoben?

FABIAN RITTER: »Zusammen mit anderen Verbänden, dem NABU, DNR, Greenpeace, WWF, BUND und DUH, haben wir Klage vor dem Verwaltungsgericht in Köln erhoben, um eine rechtlich verbindliche Antwort der letztlich nicht nur für die deutsche, sondern auch für die europäische Fischereipolitik zentralen Frage nach dem Verhältnis zwischen Fischerei und Umweltschutz zu bekommen. Uns geht es mit der Klage darum zu erreichen, dass wenigstens 50 Prozent der Schutzgebiete frei von umweltschädigenden Fischereiaktivitäten sind. Besser wäre natürlich der völlige Ausschluss dieser Fischerei in Schutzgebieten. Die Klage richtet sich gegen das Bundesamt für Naturschutz, BfN, das dem Bundesministerium für Umwelt untersteht. Wir hoffen aber, dass die Frage weitergeleitet und letztlich vom europäischen Gerichtshof aufgegriffen und geklärt wird. Denn die Fischerei in Schutzgebieten ist eigentlich ein europäisches Problem. Sollten wir das mit der Klage erreichen, ist viel gewonnen. Bisher stehen die ausgewiesenen deutschen Schutzgebiete nur auf dem Papier. Es sind sogenannte ‚Paper-Parks'.«

7.8.7 Empfehlungen aus der Wissenschaft

Empfehlungen zum Schutz der Schweinswale und damit verbundene Erwartungen an die Politik kommen auch aus der Wissenschaft.

Schweinswalexperte und Unterwasserfilmer Dr. FLORIAN GRANER erwartet von der EU, dass sie vorgibt, dass Fischer sich bei der Fischerei in Nord- und Ostsee strikt an die von der Wissenschaft empfohlenen Fangquoten, vergleichbar der Lachsfischerei in Alaska, halten. Besonders aber, mahnt Dr. GRANER, sollten Schutzgebiete eingerichtet werden, in denen gar nicht gefischt werden darf. »Auf lange Sicht hilft das allen:

- den Fischern durch die Wiederbesiedlung ihrer Fanggründe aus der Schutzzone heraus
- und den Schweinswalen und vielen anderen Meerestieren dank intakter Rückzugsbiotope.«

»Wir haben ja nicht einmal mehr intakte Kontrollflächen in der Nordsee«, meint Dr. FLORIAN GRANER. »Wo gibt es denn noch ungestörten Meeresboden? Wie können wir überhaupt noch beurteilen, wie gesunde Nahrungsketten in der Nordsee aussehen sollten?«

»Paradoxerweise«, sagt Dr. Graner, »sind die Ölplattformen mit ihren Sicherheitszonen heute die einzigen Gebiete in der Nordsee, wo Fischfang ausgeschlossen ist, mit dem Erfolg, dass sich dort Fische sowie Wale tummeln. Eine nachhaltige Fischerei zu betreiben und über die Menge der Stellnetze in der Nordsee akribisch zu wachen, das ist essenziell für das Überleben der Schweinswale in Nord- und Ostsee«. Eine große Anzahl an Stellnetzen gefährdet nicht nur die Schweinswale, sondern verschlechtert auch das Nahrungsangebot für die Schweinswale: Die noch vorhandenen Schwärme von Sprotten, Heringen und Sandaalen nehmen weiter ab und der Schweinswal ist gezwungen, am Boden nach weiterer Nahrung zu suchen und sich damit der Gefahr auszusetzen, in ein Grundstellnetz zu schwimmen.

Viele Schweinswale werden jährlich an die Küsten geschwemmt und nur noch als Totfunde registriert. Sie haben die Gefahrensituation in Nord- und Ostsee wie Zigtausende Kilometer von Grundstellnetzen, Industriefischerei, Unterwasserlärm, schnelle Schiffe, Meeresverschmutzung, Infektionskrankheiten und natürliche Feinde nicht überlebt. Leider gleicht die Geburtenrate der Schweinswalpopulationen diese Verluste derzeit nicht aus, sodass nach wie vor mit einem Rückgang der Art gerechnet wird. Die Population der zentralen Ostsee droht sogar, auszusterben.

8 Best-Practice-Beispiele im Schweinswalschutz

8.1 Schweinswal-freundliche Bucht Eckernförde

Text von Dr. ANDREAS PFANDER

Ein wirksames Konzept zum Walschutz wurde in Form der »Schweinswal-freundlichen Bucht Eckernförde« am Ostsee Info-Center Eckernförde entwickelt.

Logo: Ostsee Info-Center Eckernförde.

Das Konzept wurde im Rahmen des Projektes »Lust op dat Meer« 2011 ausgezeichnet und gefördert. Es wird versucht, die Jastarnia-Empfehlungen (siehe Kapitel 7.1) wie folgt umzusetzen:

8.1.1 Einrichtung eines anonymisierten Abholdienstes für Beifänge (Jastarnia 3)

Nachdem etwa ab Mitte der 1990er-Jahre die Medien und verschiedene Naturschutzverbände sich des Themas Beifang von Schweinswalen angenommen hatten, fühlten sich die Fischer durch die Art der Berichterstattung und Forderungen, die ihre berufliche Existenz gefährden könnten, an den Pranger gestellt. Dies führte zu der aus ihrer Sichtweise teilweise verständlichen Reaktion, den toten Schweinswal aus dem »Hol« auf See zu entsorgen, anstatt ihn abzuliefern. Der auf See entsorgte Schweinswal wurde als verwester, stinkender Kadaver Tage oder Wochen später an den Strand gespült, war nicht selten schwierig zu bergen und für nachfolgende wissenschaftliche Untersuchungen nur noch von begrenztem Wert.

Angespülte, verweste Schweinswale sind wissenschaftlich kaum noch verwertbar. Foto: Duncan Murrell, WDC.

Jetzt steht am Standort Eckernförde ein Abholdienst bereit, der – durch SMS oder Handyanruf vom Fischer informiert – den Beifang auf See abholt. Dem Fischer werden 50,00 EUR für seinen Aufwand und mögliche Netzschäden gezahlt, der Fischer bleibt anonym und der frischtote Schweinswal wird unmittelbar danach zur weiteren Untersuchung (MRT, veterinärpathologischer Untersuchung, Blutchemie, Bakteriologie usw.) in das ITAW nach Büsum gebracht.

Frischtote Schweinswale eignen sich für wissenschaftliche Untersuchungen. Foto: Andreas Pfander.

8.1.2 Einsatz von akustischen Warngeräten (Jastarnia 2)

Offiziell müssen laut Walschutzverordnung seit dem 1. Januar 2007 Fischereifahrzeuge mit einer Gesamtlänge über 12 Meter beim Einsatz von Grundstellnetzen Pinger in den Netzen anbringen. In dem Gebiet der Eckernförder Bucht besteht, obwohl Schweinswale dort wesentlich häufiger vorkommen und damit die Chancen steigen, dass ein Schweinswal in ein dort ausgebrachtes Netz schwimmt, eine solche Pflicht nicht. Um diesem Missstand abzuhelfen, wurden im Rahmen des Projektes hundert Pinger gekauft und seit Juli 2011 kostenlos an interessierte Fischer verteilt.

Bei unterschiedlichen Erfahrungen mit dem Einsatz dieser Geräte wird seit 2013 ein Pinger bezüglich der Schallintensität auch vor Hintergrundlärm in einem Langzeitversuch getestet. In Erprobung ist zurzeit auch ein weiteres neu entwickeltes Warngerät (PAL), das die Schweinswale nicht vertreiben will, sondern mit einem »Warnruf« in der Schweinswalsprache auf die durch das Stellnetz drohende Gefahr aufmerksam machen soll. Ob wir die Sprache der Schweinswale bisher richtig verstanden und gedeutet haben, wird sich zeigen.

8.1.3 Entwicklung und Erprobung alternativer Netztypen (Jastarnia 2)

Bereits vor 20 Jahren wurden in einem Delphinarium mit zwei Schweinswalen, die nach einer Strandung erfolgreich rehabilitiert werden konnten, Versuche mit verschiedenen Arten von Fischernetzen unternommen. Die dabei erprobte Modifikation eines Netzes, mit der die Häufigkeit der Netzkollisionen auch in einem größeren Freilandgehege bei beiden Schweinswalen deutlich vermindert werden konnte, erwies sich auch in der Praxis als durchaus handhabbar. Jedoch war die »Fängigkeit« deutlich reduziert.

In der Eckernförder Bucht wird mit neuen Netzen experimentiert, z. B. mit solchen, deren Netzgarn mit Bariumsulfat präpariert wurde, sodass Schweinswale, die darauf zu schwimmen, das Netz früher als Hindernis und Gefahr erkennen können. Leider ist das Garn dieses Netzes so steif und unhandlich, dass in der Praxis besonders das Ausbringen auf See sehr schwierig ist.

Von vielen Naturschutzverbänden wird der Umstieg auf sogenannte alternative Fischfangmethoden propagiert. In Schweden entwickelte schweinswalsichere Dorschfallen wurden im Rahmen des Projektes von einem Fischer in der Eckernförder Bucht getestet: Bei mehreren Fangfahrten schwamm trotz Köder kein einziger Dorsch in die Falle. Andere Methoden wie die Langleinenfischerei oder das Pilking, die in anderen Teilen Europas mit Erfolg und guten Erträgen angewendet werden, müssen noch erprobt werden.

8.2 SOS Dolfijn in den Niederlanden

Als Hilfs- und Auffangstation für Kleinwale ist SOS Dolfijn in Harderwijk bei Amsterdam eingerichtet worden. Hier bekommen lebend gestrandete Schweinswale schnelle Hilfe. Eligius Everaarts ist Leiter der Auffangstation SOS Dolfijn. 24 Stunden am Tag sind er und seine 70 zum Teil langjährigen ehrenamtlichen Mitarbeiterinnen und Mitarbeiter für den Schutz der Schweinswale tätig. Und es gibt ein ganzes Netzwerk von Organisationen wie das Dolfinarium in Harderwijk, die örtliche Polizei, Rettungsschwimmer u. a., die mit SOS Dolfijn kooperieren.

Die Auffangstation SOS Dolfijn kümmert sich um die Lebendfunde kranker, verletzter und gestrandeter Schweinswale, die Hilfe benötigen, häufig nicht mehr schwimmen können oder geschwächt sind. Pro Jahr nimmt das Institut von bis zu 25 Fällen gestrandeter Wale etwa zehn Tiere auf.

Eligius Everaarts und seine Kolleginnen und Kollegen reisen für jeden Notfall extra an den Ort der Strandung an, um den kranken Wal unmittelbar zu untersuchen.

Helferinnen wickeln einen gestrandeten Schweinswal in nasse Tücher, damit er nicht an Bluterhitzung stirbt. Dann bringen sie ihn zu SOS Dolfijn. Foto: SOS Dolfijn.

Dabei treffen sie die Entscheidung, ob das Tier wieder zurück ins Meer befördert, ob es in die Auffangstation zur Behandlung und Rehabilitation gebracht oder ob eine Euthanasie eingeleitet werden soll, um das Tier zu erlösen. Diese Fragen werden häufig von anderen Organisationen und Helfern nicht richtig eingeschätzt. Auch eine Rettungsaktion ist nicht immer effektiv. »Einmal ist ein Pottwal in den Niederlanden gestrandet. Hilfskräfte haben es tatsächlich geschafft, das gestrandete Tier wieder ins Meer zu befördern. Doch einige Tage später wurde er wieder an den Strand gespült und war tot«, berichtet Eligius Everaarts.

»Die Schwierigkeit liegt im richtigen Urteil, was bei einer Walstrandung zu tun ist. Selbst, wenn die Entscheidung getroffen wird, den gestrandeten Wal wieder ins Meer zurückzubefördern, muss das nicht unbedingt bedeuten, dass die Entscheidung das Tier auch wirklich rettet. Beim Pottwal wäre eine Rehabilitation nicht möglich gewesen, und als man ihn ins Meer zurückbefördert hat, gab man ihm zumindest die Chance, weiterzuleben. Also war das eine gute Option, auch wenn das Tier hinterher gestorben ist.«

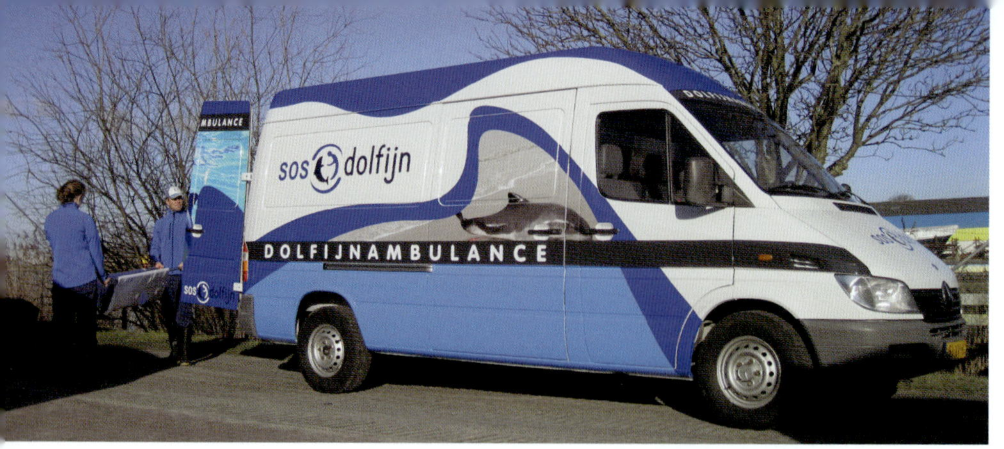

Rettungswagen für gestrandete kleine Wale. Foto: SOS Dolfijn.

Die gestrandeten Schweinswale bleiben bei SOS Dolfijn – vier Wochen im besten, bis zu sechs Monate im schlechtesten Fall –, wenn gravierendere Krankheiten vorliegen, die geheilt werden müssen. Am Anfang werden die Schweinswale Tag und Nacht versorgt und beobachtet. Sie bekommen dann auch nachts medizinische Unterstützung. Es gibt bis zu drei Nachtschichten mit vom Institut ausgebildeten Freiwilligen und drei Schichten tagsüber, die die Wale mit allem Nötigen versorgen. Die Pools, in denen sich die Kleinwale aufhalten, sind klein und nicht allzu tief, damit die Helfer darin stehen können. Denn manche Kleinwale sind bei ihrer Ankunft so geschwächt, dass sie beim Schwimmen durchs Becken getragen werden müssen.

Die Schweinswale können bei ihrer Einlieferung in SOS Dolfijn häufig nicht alleine im Becken schwimmen. Sie sind manchmal noch zu kraftlos nach ihrer Strandung und müssen deshalb beim Schwimmen gestützt werden, damit sie nicht ertrinken. Foto: SOS Dolfijn.

Grundsatz ist, die Tiere so kurz wie möglich in Gewahrsam zu nehmen und ihnen auch die Möglichkeit der Selbstheilung zu geben. In der Zeit werden Wurmkuren durchgeführt, um den Körper von Parasiten zu befreien, die bewirken, dass die Wale wenig fressen und dann geschwächt an Land gespült werden. Andere Gründe für ihre Strandung können Wunden aufgrund von Stellnetzen oder Bissen durch Räuber sein, aber auch Beeinträchtigungen des Gehörs aufgrund des Lärms von Munitionssprengungen, der Echolotsysteme der Marine, Speed-Booten oder der Einrammung von Windrädern im Meer.

Bei SOS Dolfijn gilt zudem der Grundsatz, die wilden Tiere so wenig wie möglich zu berühren. Eine Ausnahme bildet das Füttern. Da die Kleinwale im Becken keine Fische jagen können, werden sie trainiert, tote Fische von den Helferinnen am Beckenrand anzunehmen. »Das müssen die Schweinswale erst lernen, an den Beckenrand heranzuschwimmen und den toten Fisch mit Ihrer Schnauze zu schnappen. In manchen Fällen sind die Kleinwale aber so ausgehungert, dass sie das ganz schnell lernen«, erzählt ELIGIUS EVERAARTS.

Aufgrund der guten Pflege bei SOS Dolfijn fühlen sich die Schützlinge schnell richtig wohl und zeigen ein ausgeprägtes Sozial- und Spielverhalten. So beobachtet der Leiter von SOS Dolfijn die Tiere einerseits beim Spiel. Wirft man einen Ball ins Wasser, untersuchen die Kleinwale mit der Schnauze neugierig den Gegenstand und beginnen, mit ihm zu spielen. Andererseits fügen sich Neulinge schnell in den Gruppenverband im Pool ein. Man sieht sie zusammen Wettschwimmen veranstalten. Sie spielen aber auch miteinander und suchen sozialen Kontakt, indem sie sich gegenseitig bei den Finnen berühren oder ihre Körperseiten aneinander reiben.

Während der Entstehung dieses Buches kümmern sich ELIGIUS EVERAARTS und sein Team um vier Patienten. Es sind vier männliche Kleinwale: Sjors, Bart, Dennis und Hugo. Während die ersten drei nicht älter als ein Jahr sind, ist Hugo bereits ausgewachsen und zwischen 5 und 7 Jahre alt.

Sorgenkind Sjors mit Spuren bereits geheilter Bisswunden auf der Haut. Foto: SOS Dolfijn.

Ein besonderes Sorgenkind der Auffangstation ist Sjors. Sjors strandete in Belgien und lag viele Stunden nachts am Strand, ehe er gefunden und gerettet werden konnte. Spaziergänger hatten ihn durch Zufall entdeckt. Er war vor seiner Aufnahme bei SOS Dolfijn sehr dünn und geschwächt und wies einige Bisswunden am Körper und den Flippern auf. Ein Fuchs knabberte das regungslos am Strand liegende Tier an und verletzte seine Finne und die Seiten seines Körpers. Sjors ist inzwischen nach einer Operation und seinen weitgehend geheilten Hautproblemen aus dem Gefahrenbereich heraus. Jetzt zeigt er beim Schwimmen im Becken auch ein normales Verhalten und kann bald wieder im Meer ausgewildert werden. Dann wird der kleine Wal mit dem Boot im Beisein von Eligius Everaarts und einigen Freiwilligen vom Strand aus langsam in etwas tieferes Wasser geführt und schließlich freigelassen.

Bei der Auswilderung der Schützlinge müssen grundsätzlich folgende Faktoren gegeben sein:

- Das Tier sollte klinisch gesund sein, d. h., ohne Medikamente seine Lebensfunktionen aufrechterhalten können.
- Es sollte keine Anomalien im Schwimmverhalten und in der Körpergröße aufzeigen.
- Es sollte nicht behindert (beispielsweise blind) sein.
- Sein Gehör sollte problemlos funktionstüchtig sein.

Endlich ist es soweit: Ein Schweinswal kann nach seiner Genesung kräftig und gesund wieder im Meer ausgewildert werden. Foto: SOS Dolfijn.

9 Aus dem Leben der Schweinswale

9.1 Geburt und Aufzucht der Jungen

Schweinswale paaren sich in den Sommermonaten zwischen Juni und August. Die Weibchen tragen den Embryo nach der Befruchtung zehn bis elf Monate in ihrem Uterus. In der Regel geht aus der befruchteten Eizelle nur ein Junges hervor, das, wie bei allen Zahnwalen üblich, im linken Horn der Gebärmutter heranwächst (Schulze 1996). Zwillinge sind bei Walen äußerst selten und überleben in nur wenigen Fällen.

Die kleinen Wale werden in den warmen Monaten zwischen Mai und Juli zur Welt gebracht. Eher selten werden manche Junge auch bis in den September hinein geboren. Nicht nur bei Landsäugetieren ist das Gebären nicht ganz einfach, denkt man daran, dass ein Giraffenjunges bei der Geburt etwa zwei Meter tief auf die Erde fällt. Auch unter Wasser müssen die Umstände günstig sein, damit eine Geburt ohne Schwierigkeiten verläuft: Der kleine Meeressäuger kommt beim Schwimmen der Mutter zur Welt.

Mit der Schwanzflosse voran

Zuerst platzt das Fruchtgewebe im Uterus auf. Dann kommt es zu Wehen, die ein bis zwei Stunden dauern können. Allmählich ragt die Fluke aus dem Mutterleib heraus, die sich zu entfalten beginnt, da sie zuvor beim Embryo am Körper gefaltet anlag. Das Junge streckt die Schwanzflosse aus, damit es nach der Geburt der Mutter sofort unter Wasser folgen kann. Mit der Schnauze zuletzt verlässt das Kalb den Mutterleib (im Unterschied zum menschlichen Baby, das meistens mit dem Kopf voran geboren wird und so den mütterlichen Geburtskanal weitet). Die Verbindung mit der Mutter über die rund 30 Zentimeter lange Nabelschnur reißt beim heftigen Vorwärtsschwimmen der Mutter genau in dem Augenblick, in dem das Junge den Mutterleib verlässt. Das Jungtier schwimmt gleich nach der Geburt an die Oberfläche, um Luft zu holen. Reißt die Nabelschnur einmal nicht, so kann das Jungtier nicht zum Atmen an die Wasseroberfläche auftauchen und erstickt.

Schweinswalbabys kommen mit dem Schwanz voran zur Welt. Grafik: ELISABETH GALAS.

Mutter-Kind-Kontakt

Die Schweinswalkälber sind nach der Geburt rund 70 bis 80 Zentimeter lang und drei bis acht Kilogramm schwer. Wie alle Säugetiermütter sind die Schweinswalmütter bei der Geburt unter großer Anspannung. Dabei ist die Mutter in ständigem Sprachkontakt mit ihrem Kalb, indem sie Klicks von sich gibt. Die Mutter dreht, sobald die Nachgeburt ausgestoßen ist, ihren Körper zur Seite. Dies ist eine Schutzmaßnahme für das Junge, das lernen muss, die mütterliche Zitze zu finden, um nicht zu verhungern. Die körperliche Seitenlage der Mutter hat den Vorteil, dass das Junge mit dem Rückenteil, wo das Blasloch sitzt, an die Oberfläche auftauchen und atmen kann, während es trinkt. Aber auch nach der Geburt sind die ersten Monate recht schwierig für das Schweinswalbaby. Es durchläuft nun eine intensive Lernphase, in der es herausfindet, wie es schnell und zugleich kraftsparend schwimmen kann, so wie menschliche Kleinkinder erst das Laufen lernen müssen.

Säugen mit buttergelber und traniger Milch

Die Milchdrüsen liegen beidseitig unter der Bauchhaut der Mutter. Die in Hauttaschen eingebetteten Zitzen sind hellrot und fünf Zentimeter lang. Das Junge ergreift diese mit der Lippe und Zunge. Dabei wird die Milch über das Zusammenziehen der Muskeln regelrecht in den Mundraum des Jungen gespritzt. Die Milch ist viel nährstoffreicher als beispielsweise bei Kühen. Sie schmeckt salzig und fischig und ist buttergelb gefärbt. In ihr sind viele Mineralstoffe enthalten sowie u. a. Wasser, Fett, Eiweiß und Milchzucker.

Die Schweinswale bringen in der Regel einmal pro Jahr ein Junges zur Welt, meistens zwischen Ende Mai und Ende Juni. Gleich anschließend beginnt die Paarungszeit. Allerdings kann die Mutter jedes Jahr neu befruchtet werden, auch wenn sie ihr Kalb noch säugt. Schweinswalmütter gehen eine tiefe Bindung zur ihrem Neugeborenen ein. Bevorzugt sucht die Mutter die Küstennähe auf, um ihr Junges aufzuziehen.

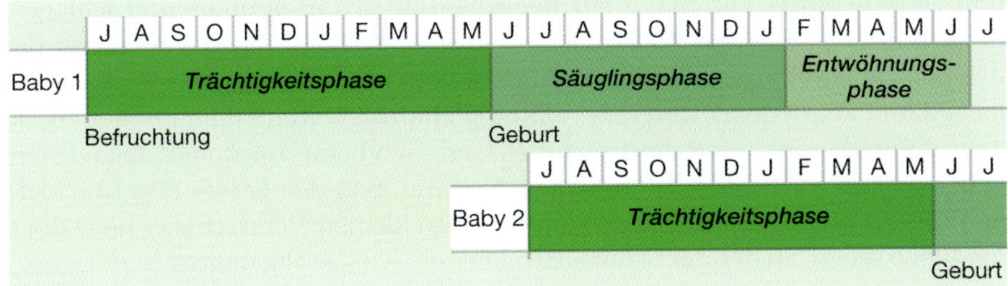

Fortpflanzungszyklus der Schweinswale. Schweinswalmütter können bereits mit einem zweiten Baby trächtig werden, solange sie ihr erstes Baby noch säugen. Grafik: ELISABETH GALAS.

Die ersten Zähne

Das Kalb wird acht bis neun Monate gesäugt, nimmt aber bereits ab dem fünften Monat feste Nahrung zu sich, die in der Nord- und Ostsee vorwiegend aus Grundeln besteht. Ab der Zeit treten die Zähne im Mundraum hervor und mit sieben Monaten hat der Schweinswal ein vollständiges Gebiss. Dann verliert das Kalb auch die Faltenbildung am Zungenrand, die hilft, die mütterliche Zitze richtig zu fassen, damit so wenig wie möglich von der Muttermilch verlorengeht. Dabei ist die Milch so nahrhaft, dass das Jungtier bereits nach drei bis vier Monaten einen Meter groß ist und nach einem Jahr zwischen 1,15 und 1,25 Meter Länge erreicht hat. Dies entspricht einer Größenzunahme von 30 bis 37 Prozent der ursprünglichen Geburtsgröße (KINZE 1994, LOCKYER 1995, SCHULZE 1996, KASTELEIN 1997).

Junge Flitzer

Schweinswale sind allgemein schnelle Schwimmer. Auch die Jungtiere halten mit den Spitzengeschwindigkeiten der Mutter mit. Dabei gibt es einen Trick, dessen sie sich bedienen, um Geschwindigkeit unter Wasser zu erreichen: Sie schwimmen etwa in Höhe der Rückenfinne der Mutter. Die hier erzeugten Strömungswirbel nutzen die Babys für ihr Vorwärtskommen unter Wasser geschickt aus. Dies ist in etwa vergleichbar mit einem Fahrradfahrer oder Sprinter, der den Rückenwind ausnutzt, um schneller voranzukommen.

Purzelbäume unter Wasser

Schweinswalbabys tauchen zum Atmen meist deutlich hinter der Mutter auf. Dabei bleiben die Tiere dicht an der Wasseroberfläche und holen bis zu viermal pro Minute Luft, soweit sie nicht tiefer und länger tauchen. Beim Luftholen krümmen sie ihren Körper und öffnen kurzzeitig ihr Blasloch, sobald das Rückenteil mit Finne aus dem Wasser ragt. Dies geht sekundenschnell, was erklärt, warum man sie so schwer beobachten kann. Nach zwei Sekunden tauchen sie wieder ab und verschwinden. Für das Abtauchen rollen sie sich nach unten und schlagen unter Wasser einen Purzelbaum. Dieser Bewegungsablauf ist angeboren und für den Schweinswal typisch. Beim Abtauchen verschließen sie reflexartig ihr Blasloch, damit kein Wasser durch die Öffnung eindringt. Wenn man mit dem Boot nahe genug herankommt, hört man das Geräusch beim Ausatmen, das wie ein »Pfft« oder »Püff« klingt. Hin und wieder kann man den zarten Blas (die kleine Wasserfontäne der Schweinswale) wie einen kleinen Nebelschleier noch über der Stelle sehen, an der der Schweinswal bereits wieder abgetaucht ist.

9.2 Schweinswale hautnah betrachtet

Haut der Wirbeltiere

Um die Besonderheiten der Schweinswalhaut besser zu verstehen, ist es hilfreich, den prinzipiellen Aufbau der Haut der Wirbeltiere zu betrachten. Die Wirbeltierhaut, also auch die der Menschen, besteht im Wesentlichen aus drei Schichten: der Oberhaut, auch Epidermis genannt, der Lederhaut und der Unterhaut, die auch als Subkutis bezeichnet wird. Die Oberhaut und die Lederhaut bilden zusammen die Kutis. In der folgenden Grafik kann man die übereinanderliegenden drei Schichten der menschlichen Haut sehr schön sehen. Die Grafik zeigt, dass die menschliche Haut einige Charakteristika aufweist: Das sind die Schweißdrüsen in der Lederhaut zum einen; zum anderen die menschlichen Haare, die ebenso in der Lederhaut wurzeln. Im Unterschied zur Walhaut fühlt sich die menschliche Haut weicher, nicht so glatt und poröser an. An manchen Stellen (so im Stirn-, Achsel- und Fußbereich) der Haut tritt verstärkt Feuchtigkeit in Form von Schweiß nach außen, um die innere Wärmetemperatur zu regulieren.

9.2.1 Schweinswalhaut – Wunder der Evolution

Nackt und glatt

Streichelt man einen Schweinswal, fühlt sich seine Haut glatt an, »irgendwo in der Mitte zwischen Seide und Gummi«, erzählen Walforscher. Erhebungen oder Höcker finden sich einzig an der Vorderkante der Rückenflosse, auch Finne genannt. Diese Höcker werden als Tuberkel bezeichnet. Im Unterschied zur menschlichen Haut hat die Haut der Schweinswale keine Haare mehr. Im Laufe der Evolution haben die Meeressäuger das Fell- oder Haarkleid ihrer landlebenden Vorfahren (siehe Kapitel 10) zunehmend zurückentwickelt, weil es im Wasser nicht dienlich ist. Ein Relikt oder Überbleibsel der Evolution sind bei

Schweinswalkälbern die Oberlippenhaare. Kürzlich hat man erkannt, dass diese beim Embryo vorkommenden Tast- oder Sinushaare an der Oberlippe eine besondere Funktion haben.

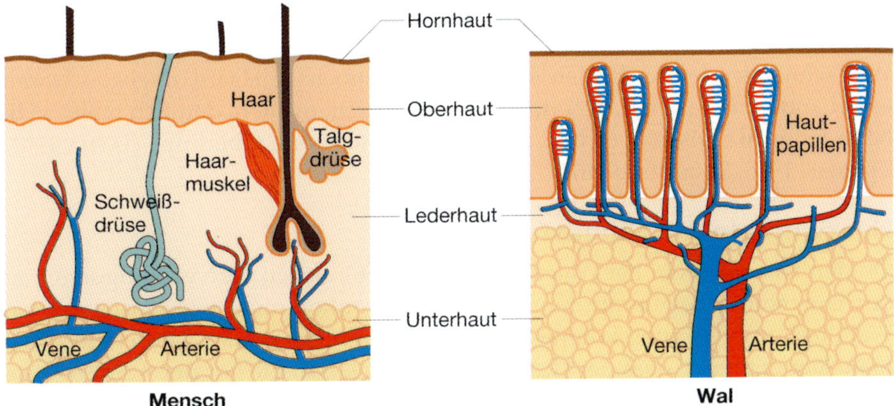

Schematische Längsschnitte durch die Haut eines Menschen (links) und eines Schweinswals (rechts). Die Haut von Mensch und Schweinswal besteht aus denselben Schichten, die sich allerdings in den Proportionen unterscheiden. Die Lederhaut ist beim Schweinswal viel dünner als beim Menschen, während die Unterhaut durch die Einlagerung von Fett sehr mächtig ist. Man bezeichnet sie daher als Speckschicht oder Blubber; sie schützt den Wal vor Auskühlung. In der Oberhaut ziehen röhrenförmige Hautpapillen nach oben, die von Arterien, Venen und Nerven durchzogen sind. Diese Papillen fangen die Wasserturbulenzen durch wellenartige Bewegungen elastisch ab, wodurch der Walkörper fast reibungslos durchs Wasser gleitet. Unterstützt wird dies dadurch, dass die Walhaut keine Haare mehr hat und somit eine sehr glatte Oberfläche aufweist. Ein weiterer Unterschied zur menschlichen Haut ist der, dass die Walhaut keine Schweißdrüsen hat. Grafik: Elisabeth Galas.

Die Haut von Schweinswalen ist nackt und glatt. Foto: Ursula Tscherter, *ORES.*

Tasthaare von Schweinswalkälbern

Ganz junge Schweinswale haben noch für einige Tage nach der Geburt auf jeder Seite durchschnittlich zwei ein Zentimeter lange Haare auf der Oberlippe, die dann ausfallen. Beim erwachsenen Tier sind an den Stellen dann nur noch kleine Einsenkungen (Krypten) zu erkennen. Beim Embryo und Säugling des Weißschnauzendelfins fanden sich immerhin noch 14 Haare, dagegen waren es bei anderen Walarten, besonders bei den Furchenwalen, deutlich mehr, z. B. beim Finnwal zwischen 60 und 80 an Kinn, Unter- und Oberlippe (Japha 1911, Tomilin 1978, Schulze 1996).

Haarwurzeln mit Sinnesfunktionen

Ob den Haarwurzeln bei Walen wegen der zahlreichen Nervenendigungen in der Umgebung bestimmte Sinnesfunktionen zukommen, wie einst von den Walforschern vermutet, konnte bis vor Kurzem nicht geklärt werden. Jetzt hat man aber entdeckt, dass der Guyana-Delfin, eine Art, die vor der Atlantikküste von Nicaragua, Honduras, Venezuela, Guyana bis nach Brasilien vorkommt, schwache elektrische Impulse wahrnehmen kann. Deckte man die Schnauze mit einer isolierenden Kunststoffkappe ab, war das nicht mehr möglich. Unter dem Mikroskop ähneln die Haarwurzeln den Sinnesorganen von Haien und anderen Knorpelfischen, die man nach ihrem Entdecker als »Lorenzinische Ampullen« bezeichnet. Damit können z. B. Rochen im Sandboden versteckte Beute aufgrund des elektrischen Feldes aufspüren. Auch Guyana-Delfine wurden beobachtet, wie sie im Meeresboden nach Nahrung wühlen (Czech-Damal et al. 2012). Einige Zahnwale tun das – auch der Schweinswal.

Wärmeregulation

Schwitzen Schweinswale?

Schweinswale können nicht wie wir Menschen schwitzen, weil sie keine Schweißdrüsen mehr haben. Die Haut ist deshalb dicht und wasserabweisend. Während der Mensch zwischen zwei und vier Millionen Schweißdrüsen an den Fußsohlen, den Handflächen und im Stirnbereich besitzt, kommen die kleinen Wale ganz ohne diese meist typische Ausstattung der landlebenden Säugetiere in der Lederhaut aus. Was tun sie dann, um überschüssige Wärme, beispielsweise nach einer Jagd oder einem Tauchgang, wieder loszuwerden?

Grundsätzlich haben Wale und auch Schweinswale die Fähigkeit, die Temperatur im Körper zu regulieren. Wenn sie schnell schwimmen, staut sich im Körper überschüssige Wärme auf. Die Körpertemperatur beträgt im Durchschnitt 37 Grad Celsius. Damit es nicht zum Hitzestau kommt, nutzen sie das kapillare oder Blutgefäß-Gegenstromprinzip. Wie funktioniert das?

Die Schweinswale haben zwei lange Adern, die vom Kopfbereich bis in die Schwanzspitze verlaufen und in denen das Blut in beide Richtungen fließen kann. Ist es dem Schweinswal zu heiß, so strömt kühles Blut aus der Schwanzspitze in den Körperinnenraum zur Kühlung. Beobachtet wurde diese besondere Wärmeregulierung auch bei gefangenen Schweinswalen. Ist es umgekehrt aufgrund der Meerestemperatur zu kalt, so fließt warmes Blut aus dem Körperinneren in die Flossenbereiche, die kaum durch eine Fettschicht geschützt sind.

»An in Gefangenschaft gehaltenen Schweinswalen, die nach erfolgreichem Gesundpflegen für Untersuchungen zur Verfügung standen, stellte man fest: Die Wärmeabgabe außerhalb des Wassers erfolgt überwiegend über die Spitze der Finne, den Schwanzstiel und die Fluke.« (Dr. Andreas Pfander)

Frieren Schweinswale?

Halten sich Schweinswale im Nordpolarmeer auf, könnte man denken, dass sie doch irgendwann frieren oder sogar erfrieren müssten. Das ist jedoch nicht der Fall. Der Schweinswal hält seine Körpertemperatur im Meer über fettreiche Nahrung aufrecht. Eine gute Wärmeisolation ist auch die Fettschicht in der Subkutis. Schweinswale haben also eine besondere Hautstruktur. Die Walhaut weicht von der menschlichen besonders darin ab, dass sie in der Unterhaut zum Schutz gegen Kälte im Nordpolarmeer ein dickes, wärmeisolierendes fettreiches Gewebe enthält, den Blubber.

Der Blubber

Wie dick ist der Blubber bei Schweinswalen?

Dazu Dr. Andreas Pfander:

»Die Dicke des Blubbers, die den Körper vor Wärmeverlust schützt, beträgt bei erwachsenen Schweinswalen zwischen 25 und 35 Millimetern, bei Jungtieren zwischen 40 und 60 Millimetern. Entsprechend kann im Vergleich zum Gesamtgewicht die Fettschicht je nach Alter zwischen 20 und fast 50 Prozent betragen. Die Speckschicht ist auch nicht gleichmäßig über den gesamten Körper verteilt. Die größte Dicke erreicht sie am Rücken vor der Rückenfinne, am dünnsten ist sie am Schwanzstiel.«

Ist die Fettschicht im Jahresturnus immer gleich dick? Anders gefragt, gibt es nicht Einflüsse im Meer, die dem Schweinswal trotz Fettschicht gefährlich werden können?

Dr. ANDREAS PFANDER erklärt:

»Die Fettschicht wird bei weiblichen Tieren während der Zeit der Milchabsonderung deutlich dünner, mit der Folge, dass ein Teil der darin gespeicherten Umweltgifte in die Muttermilch übergehen (BRUHN 1997). Mit Beginn des Winters, im November, nimmt die Dicke des Blubbers plötzlich wieder zu. Wenn Schweinswale unter Nahrungsmangel leiden, so geschehen Anfang des Jahres 2013, weil wegen der anhaltenden Frostperiode der Heringszug erst verspätet einsetzte, bauen sie die isolierende Fettschicht wieder ab. Dann finden sich hinter dem knöchernen Schädel und entlang der Wirbelsäule deutliche Einsenkungen, die ein sicheres Zeichen für den schlechten Ernährungszustand des Wals sind.«

9.2.2 Färbung der Schweinswale

Unten hell, oben dunkel

An der Bauchseite sind Schweinswale weiß bis cremefarbig, der Rücken ist dagegen dunkelgrau oder schwarzbraun gefärbt, die Übergänge am Schwanzstiel weisen eine Art »gefiederte« Färbung auf. Aus der Luft gesehen schimmern ihre Körper bräunlich. Dies macht verständlich, warum man in Zeiten des großen Walfangs auf sie und ihre größeren Artgenossen auch von Braunfischen sprach. Nach dem Tod verstärkt sich die schwärzliche Verfärbung des Rückens.

Albinos

Im Nordpolarmeer gibt es die berühmten weißen Wale oder Belugas. Gibt es unter den Schweinswalen auch weiße Wale, sogenannte Albinos?

Dazu Dr. ANDREAS PFANDER:

»Generell sind jugendliche Tiere dunkler gefärbt und haben manchmal schwarze Streifen an der Bauchseite. Auch unterscheiden sich Schweinswale der Ostsee von denen der Nordsee durch eine dunklere Färbung (VAN UTRECHT 1960, KINZE 1994, SCHULZE 1996). Selten kommen weiße oder teilweise weiß gefärbte Schweinswale vor. Man rechnet mit einem »Albino« auf 10 000 Individuen (TOMILIN 1957). Insgesamt wurde bisher über 36 weiße Schweinswale berichtet: davon wurden 18 im Nordostatlantik einschließlich Ostsee und 8 im Schwarzen Meer beobachtet (MOHR 1931).«

9.2.3 Feinfühlige Schweinswale

Schweinswale sind besonders feinfühlig, ähnlich wie wir Menschen. Woran liegt das? Sie verfügen in ihrer Haut über Nervenendigungen. Damit können sie feinste Gegenstände ertasten und erkennen. Streicheln wir einen Schweinswal, fühlt er ganz ähnlich wie wir, wenn wir etwas mit der Fingerkuppe berühren. Deshalb genießen Schweinswale wie Delfine Berührungen, sei es durch Artgenossen oder Menschen, sichtlich. Die Nervenendigungen liegen in der Haut des Schweinswals dicht an dicht. »Es wurden bisher 14 verschiedene Gebilde beschrieben, darunter auch sogenannte Pater Pacinische, Ruffinische und Meissnersche Tastkörper, die im Abstand von zwei bis vier Millimetern auch in der menschlichen Fingerbeere vorkommen (Moberg 1964, Hippéli & Heine 1981, Behrmann 2001)«, sagt Schweinswalexperte Dr. Andreas Pfander. Die Nervenendigungen ermöglichen es uns Menschen, mithilfe der Hand feinste Dinge zu greifen, zu ergreifen und zu begreifen.

Was liegt also näher als die Vermutung, dass für den Schweinswal neben dem Seh- und Hörsinn die sensible Wahrnehmung über die Körperoberfläche eine wichtige Sinneserfahrung darstellt?

Warum ist das Fühlen so wichtig?

Fühlen vermittelt nicht nur Informationen, beispielsweise über die eigene Schwimmgeschwindigkeit und über Wasserströmungen. Über das Fühlen der Haut nehmen Schweinswale auch Bewegungen eines nebenher schwimmenden Gruppenmitglieds wahr. So ist auch zu erklären, dass Schweinswalbabys, die das Schwimmen erst noch lernen müssen, meist unmittelbar in Höhe der Rückenfinne knapp hinter der breiten »Schulter« ihrer Mutter auftauchen. So nutzen sie die Verwirbelung der am mütterlichen Körper entstehenden Meeresströmung für das eigene Fortkommen aus. Über diesen Sinn könnten Schweinswale auch der Spur von Fischen oder Fischschwärmen folgen.

Warum ist Wahrnehmen so wichtig

»Man kann darüber spekulieren, in welchem Umfang Schweinswale im Laufe ihrer langen Entwicklungsgeschichte sich diese Fähigkeit wahrscheinlich angeeignet haben, oder ob sie darin nicht vielleicht sogar besser sind als Seehunde«, so Dr. Andreas Pfander.

9.3 Was Schweinswale alles können

Schweinswale haben in Anpassung an ihren Lebensraum ganz besondere Fähigkeiten entwickelt. Sie sehen beispielsweise unter Wasser scharf, sie haben ein ausgeklügeltes Echolotsystem und ein besonderes Gehör, und sie sind exzellente Schwimmer und Taucher. Wir wollen diese Fähigkeiten im Folgenden näher betrachten.

9.3.1 Walaugen: Scharfblick unter Wasser

Dass manche Wirbeltiere häufig besser und/oder anders sehen können als wir Menschen, ist kein Geheimnis. Von Tauben weiß man, dass sie Farben besonders gut erkennen können. Adler sehen aus 1000 Metern Höhe winzige Mäuse am Boden. Menschen sehen Bäume aus bis zu 30 Metern Distanz scharf. Im Vergleich dazu sehen Elefanten und Nashörner relativ schlecht. Alles, was in über 30 Metern von ihnen entfernt steht, erkennen sie kaum noch klar. Die Sehschärfe hängt bei den Tieren von ihrer jeweiligen Lebensweise ab und der Frage, ob hierbei ihre Augen für ihr Überleben oder für die Jagd von großer Bedeutung sind. Die Schweinswale bilden hierbei keine Ausnahme.

Mensch: unter Wasser kurzsichtig

Der Mensch ist unter Wasser kurzsichtig. Warum ist das so? Das menschliche Auge ist ganz auf das Sehen an der Luft eingerichtet. Die menschliche Linse kann unter Wasser das Licht nicht so gut brechen. Das Bild entsteht deshalb hinter der Netzhaut, wodurch es unscharf abgebildet wird. Die schlechte Sicht gleicht der Mensch unter Wasser mit einer Taucherbrille aus. Demgegenüber ist das Walauge an der Luft kurzsichtig. Taucht der Wal mit seinen Augen über der Wasseroberfläche auf, sieht er Boote oder ein Menschengesicht zunächst unscharf. Aber es gibt noch einen kleinen Trick, wie Sie im Haupttext nachlesen können.

Was macht Walaugen so besonders?

Walaugen sind im Prinzip so gebaut wie das menschliche Auge – jedoch mit kleinen, aber feinen Unterschieden.

Die Linse des Walauges ist kugelrund und sehr lichtempfindlich. Dadurch können Wale sehr gut unter Wasser sehen. Durch ihre seitliche Lage am Kopf haben Walaugen außerdem ein sehr großes Sichtfeld.

Die Augen sind klein und liegen in einem Augenwulst, der sie beim schnellen Schwimmen schützt. Außerdem ist das Auge durch ein Augenlid geschützt, allerdings trägt dieses – im Gegensatz zum menschlichen Augenlid – keine Wimpernhaare. Gegen den erhöhten Druck beim Tauchen schützt ein straffes Gewebe Hornhaut und Augenwand.

Die Netzhaut der Schweinswalaugen ist mit vielen Stäbchen ausgestattet. Das sind diejenigen Sinneszellen, die für das Sehen bei Dämmerlicht zuständig sind. Daher erzeugt das Walauge auch in tieferen, dunklen Meeresschichten ein sehr helles Bild seiner Umgebung. Dagegen verfügt die Netzhaut der Walaugen über weniger Zapfen als die menschliche Netzhaut. Diese sind für das Farbsehen verantwortlich.

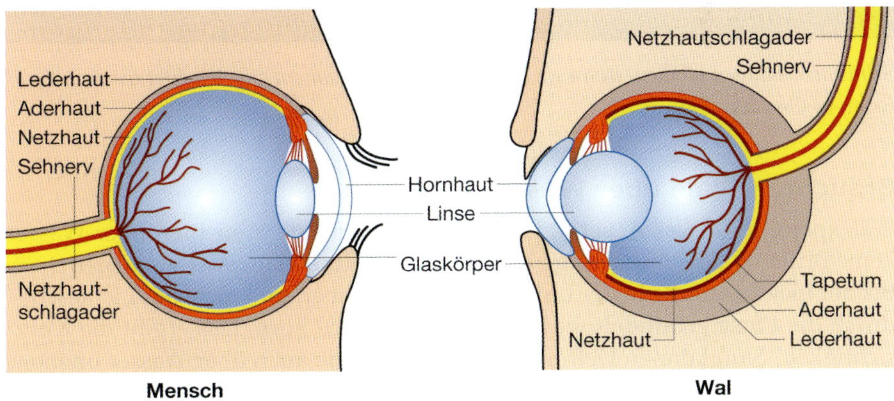

Das Schweinswalauge (rechts) ist im Prinzip gleich aufgebaut wie das menschliche Auge (links), allerdings mit Unterschieden im Detail: Die kugelrunde Linse ermöglicht dem Schweinswal das Scharfsehen unter Wasser, während die abgeflachte Linse des Menschen an das Sehen an der Luft angepasst ist. Die beim Menschen sehr dünne Lederhaut ist beim Schweinswal durch ein derbes Gewebe verstärkt und verdickt, was das Auge vor dem hohen Druck unter Wasser schützt. Hinter der Netzhaut hat das Schweinswalauge eine weitere Schicht, das sogenannte Tapetum, das als Restlichtverstärker fungiert. Und da Wale keine Haare besitzen, fehlen dem Walauge auch die Wimpern. Grafik: Elisabeth Galas.

Katzenaugen unter Wasser

Damit Walaugen selbst bei geringster Lichtintensität noch sehen können, besitzen sie hinter der Netzhaut eine metallisch schillernde Schicht, das Tapetum, das wie ein Restlichtverstärker funktioniert. Wird dieses angeleuchtet, blinken die Walaugen wie Katzenaugen – unter wie über Wasser.

Schweinswalaugen blinken, wenn sie wie hier von einer Kamera angeleuchtet werden. Foto: Florian Graner.

Bräuchten Wale über Wasser eine Brille?

Walexperte Johannes Albers glaubt, die Schweinwale bräuchten über Wasser keine Brille: »Klar ist: Das Auge ist auf die Verhältnisse im Wasser ausgerichtet. Bei der Lichtbrechung in der Luft verschiebt sich aber der Fokus des Lichtes, das durch die Linse gebündelt worden ist, weiter nach vorn. Das ergibt die Kurzsichtigkeit. Nun können Delfine und Schweinswale auch über Wasser offenbar recht gut sehen. Anscheinend sind sie in der Lage, die Kurzsichtigkeit bis zu einem gewissen Grad auszugleichen. Sie können freilich nicht wie wir ihre Linse verformen, dafür aber die Krümmung der Hornhaut des Auges verändern.«

Welche Farben sehen Wale?

Ob alle Walarten auch (alle) Farben sehen können, ist umstritten, da ihnen vermutlich die Blauzapfen fehlen. Belugas können offenbar nur hell und dunkel voneinander unterscheiden. Delfine dagegen, da sind sich die Forscher einig, erkennen Farben durchaus. Schweinswale können unter Wasser Bewegungen, die Größe von Objekten (Fische, Boote, Steine, Felsen) und auch Farben sehen.

Schlafen Wale mit geschlossenen Augen?

Johannes Albers erklärt: »Man hat bei Delfinen beobachtet, dass sie oft einen Schlafmodus zeigen, bei dem ein Auge geschlossen ist und das andere offen bleibt.«

Warum das möglich ist, erläutert Dr. Andreas Pfander: »Vermutlich bleibt eine Hirnhälfte wach, da der Balken (»Corpus callosum«), der beide Hirnhälften verbindet, nur schwach entwickelt ist.«

Über Schweinswale weiß Anja Gallus vom Deutschen Meeresmuseum in Stralsund aber aus der Fachliteratur, dass diese Tiere in Gefangenschaft durchaus auch beide Augen im Schlaf geschlossen halten können.

Wie schützen Wale ihre Augen gegen das Salzwasser?

Ein öliges Sekret, das aus einer Drüse am Augapfel ausgesondert wird, schützt Linse wie auch Pupille gegen das Salzwasser. Für alle Wale, so auch für die Schweinswale, gilt, dass das Auge vom Wasser benetzt sein muss, damit es nicht errötet oder sich die Bindehaut entzündet.

9.3.2 Echoortung mittels Bio-Sonar

Wie bereits in vorangegangenen Kapiteln angeklungen, verfügen die Zahnwale über die Fähigkeit der Echoortung. Wir wollen diesen besonderen Sinn im Folgenden genauer betrachten.

Wann bildete sich die Echoortung in der Evolutionsgeschichte bei den Walen heraus?

Forscher sind der Ansicht, dass die Zahnwale, zu denen auch die Schweinswale gehören, die Echoortung entwickelt haben, weil sie einen Vorteil bietet: Sie können sich damit nachts im trüben flachen Wasser orientieren und Beute finden. Vermutlich hat sich die Echoortung im Eozän (das ist die Zeit vor 56 bis 34 Millionen Jahren) herausgebildet. Dies ging einher mit einer anatomischen Weiterentwicklung des Gehörs der landlebenden Vorfahren der Wale. Schon *Pakicetus* (siehe Kapitel 10), der noch eine Kombination aus Wal- und Paarhufermerkmalen aufwies und vermutlich zumindest zeitweise im flachen Wasser lebte, hatte ein Gehörorgan, das bereits unter Wasser besser als über Wasser hören konnte. Im Unterschied zu den Paarhufern waren bei ihm das Mittel- und Innenohr nur noch teilweise mit dem Schädel verbunden. Den Überwasserschall vernahm *Pakicetus* also über den Gehörgang, das Trommelfell und die Gehörknöchelchen sowie das Innenohr. Gleichzeitig konnte er mit der zunehmenden Ablösung des Ohrbereichs vom Schädel den Schall auch unter Wasser wahrnehmen und passte sich so an seinen neuen Lebensraum an.

Massive Unterkiefer entwickelten dagegen erst spätere Urwale. Über das im Unterkiefer eingelagerte Fettgewebe gelangten Schallwellen in die Nähe ihres Mittel- und Innenohrs. Forscher vermuten, dass die Urwale wie Krokodile mit dem Unterkiefer am Boden lagen, um darüber die Geräusche ihrer Umgebung aufzunehmen. Wie gut dieses Hörvermögen über den Unterkiefer ausgebildet war und ob hiermit auch ultraschallhohe Töne wahrgenommen wurden, bleibt umstritten. Im Laufe der Zeit hat sich das Gehör der Urwale weiterentwickelt und verändert (Soury 2008):

- Das Trommelfell wurde durch eine Knochenplatte ersetzt.
- Der Gehörgang wurde verlagert und isoliert; er sitzt hinter dem Auge.
- Der Hörapparat liegt in einer knöchernen Ohrkapsel eingebettet. Diese wird vom Schädel durch ein Fettschaumpolster isoliert.
- Dieses Luftkissen bildet eine Trennwand gegen den von den Schädelknochen übertragenen Schall. Dadurch sind die Ohren voneinander isoliert. Laute werden vom Gehörgang erfasst und vom Gehirn ausgewertet, um deren Herkunft und Besonderheit zu erfassen.
- Das Blasloch, in dem sich Membranen für die Erzeugung von Klickgeräuschen bildeten, wanderte an den Scheitelpunkt.

Sprünge der Evolution – Auf einmal klappte es mit der Echoortung

Im Oligozän (vor 34 bis 23 Millionen Jahren) war bereits das Prinzip der Echoortung ausgebildet: Es bildeten sich Strukturen im Nasengang der Urwale, mit denen sie Töne produzieren konnten, die sie aber nicht direkt hörten. Sie vernahmen also nur das zurückkehrende Echo über den Unterkiefer, das Fettgewebe, die Gehörknöchelchenkette und die Gehörschnecke.

Walexperte Dr. Andreas Pfander stellt sich das Geschehen so vor: »Vielleicht hat nur eine Gruppe kleiner Zahnwale im frühen Oligozän die Echoortung für sich entdeckt. Dies geschah, als sie nachts die dem aufsteigenden Plankton folgenden Tintenfische oder Fische jagten. Aus dieser Gruppe könnten sich alle ausgestorbenen und heute lebenden, Echoortung betreibenden Zahnwale vom Pott- bis zum Schweinswal entwickelt haben. Vorausgesetzt, dass tatsächlich alle Echoortung betreibenden Zahnwale nur eine Abstammungslinie haben. So sind nach vergleichend anatomischen Kriterien an den bis heute entdeckten und bestimmten Fossilien die Agorophiiden im späten Oligozän vermutlich die ersten echoortenden Zahnwale gewesen. Warum? Bei ihnen überlagerten sich (1) Oberkiefer und Stirnbein. Sie hatten (2) die Nasenöffnung an der höchsten Stelle des Schädels. Sie verfügten über (3) einen hohlen Unterkiefer mit großer innerer Öffnung und (4) ein in einer großen Schädelhöhle isoliertes Gehörorgan.«

Erfolgreiche Jagd mit Ultraschall

Die Zahnwale haben also ein Bio-Sonar (das Wort Sonar leitet sich ab von **So**und **n**avigation **a**nd **r**anging). Was ist ein Sonar? Ein Sonar wird in der Schifffahrt dazu benutzt, um Gegenstände unter Wasser über die Aussendung von Schallwellen zu orten. Fangflotten beispielsweise nutzen das Sonar, um Herings- oder Thunfischschwärme im Meer zu finden. Bei den Zahnwalen spricht man deshalb von Bio-Sonar, weil es keine technische, sondern eine natürliche Einrichtung ist, die sich mit der Evolution herausgebildet hat. Es ist ein synonymer Begriff für die Echolotfunktion. Das Bio-Sonar nutzen die Schweinswale also zur Orientierung und Jagd der im Wasser äußerst wendigen Beutefische.

Das funktioniert so: Über die Melone, ein Organ aus verschiedenen Fettgewebsschichten im Stirnbereich der Zahnwale, werden Klicks im Ultraschallbereich ausgesandt. Diese werden mit einem beidseitig des Blaslochs sitzenden Komplex aus Luftsäcken und Stimmlippen produziert. Die Schallwellen wandern mit einer Geschwindigkeit von etwa 1 500 m/s durchs Meer, bis sie auf ein Objekt (Schiff, Fisch, Meeresboden oder Stein) stoßen, um von diesem zurückgeworfen zu werden. Die Schallreflexionen werden mit dem Unterkiefer über ein Fettgewebe aufgenommen und zu einer Membran neben dem Kiefergelenk geleitet. Von hier gelangen sie zu den Hörzellen im Innenohr. Dieses verarbeitet den Schall weiter und leitet ihn zum Gehirn weiter, das daraufhin ein dreidimensionales Bild der Schallwellen entwirft (Soury 2008).

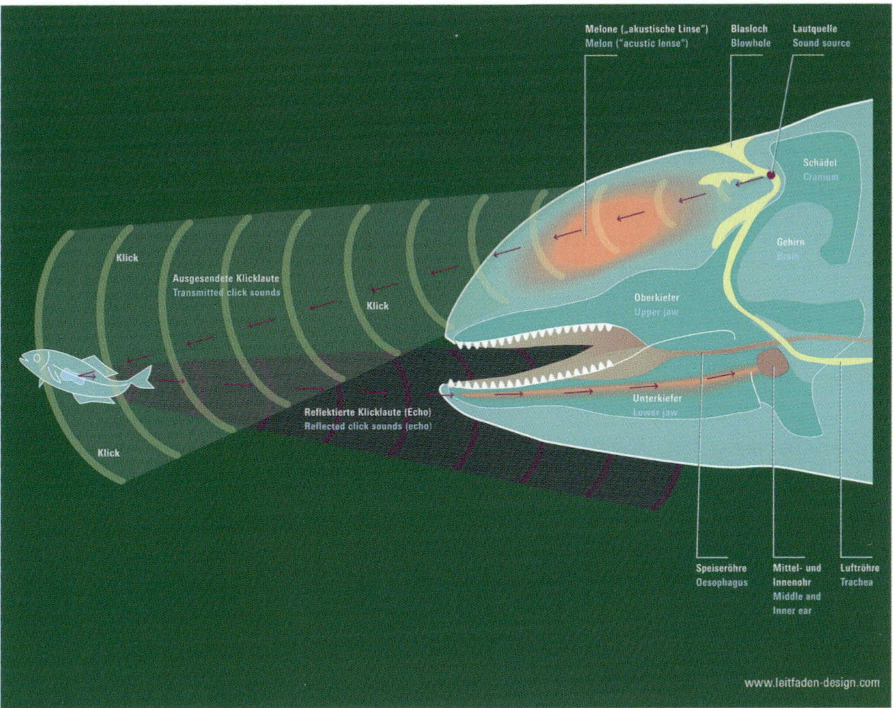

Funktionsweise der Echoortung eines Schweinswals beim Nahrungsfang. Grafik: www.leitfaden-design.com; mit freundlicher Genehmigung Deutsches Meeresmuseum.

Dass zwischen Schallerzeugung und dessen Verarbeitung nur kurze Zeit vergeht, ist einleuchtend, sodass die Schweinswale pfeilschnell bei der Jagd durch das Wasser gleiten und dabei zielgenau auf ihre Beute zu schwimmen können. Die Fischschwärme reagieren dann entsprechend panisch und irritiert und versuchen auszuweichen.

Beutefische der Schweinswale

Abhängig vom jeweiligen Lebensraum bevorzugen Schweinswale unterschiedliche Fischarten, die sie mithilfe ihres Sonarsystems erbeuten.

In den Flüssen (z. B. auch in der Elbe) stellen sie dem silbergrauen, fast durchsichtigen Stint und der Finte nach, in der Nord- und Ostsee bevorzugt dem Hering. Weitere Beutefische der Schweinswale sind der Dorsch, der Wittling, der Sandaal, die Sprotte und die Makrele sowie die je nach bevölkertem Meeresabschnitt vorkommenden Fischarten: Schweinswale des Nordatlantiks um Island und Grönland herum jagen u. a. Sardinen, Lodden und Schnäpel. Vor den Küsten Englands und Schottlands jagen sie bevorzugt Grundeln, Seezungen, Wittlinge, Heringe und Plattfische. In der Ostsee bevorzugen sie neben dem Hering Dorsche und auch die Schwarzmundgrundel.

Von den Beutefischen verzehrt der Schweinswal durchschnittlich pro Tag sechs bis sieben Kilogramm, um seine Körpertemperatur aufrechtzuerhalten. Bei der Jagd auf sie entwickeln die Kleinwale Höchstgeschwindigkeiten, um sie zu erhaschen. Geschluckt werden sie dann unzerkaut, da die nach oben hin abgerundeten Zähne der kleinen Wale nur zum Ergreifen der Fische dienen. Nach der Jagd ruhen Schweinswale gerne für kurze Zeit an der Wasseroberfläche aus.

Orientierung im Wasser mittels Ultraschall

Neben dem Beutefang nutzen Schweinswale ihr Echoortungssystem auch zur Orientierung im Wasser. Da die Ost- und Nordsee häufig durch Strömungen, Winde oder gar Orkane aufgewühlt ist, schweben Teilchen wie Sand, Schlick, Schlamm und Steinchen im Wasser, die eine klare Sicht auf den Grund verhindern. Bisher ungeklärt ist die Frage, wie weit Schweinswale in den Meerbereich hineinsehen und ob sie von der Oberfläche aus den Meeresgrund erkennen können.

Wie und wo entsteht der Schall?

Die Klicklaute werden, wie oben erwähnt, durch besondere Stimmlippen (sog. phonic lips) im Nasengang unterhalb des Blaslochs erzeugt. Stimmlippen sind zusammenklappbare Erhebungen (Membranen) in der Blaslochröhre im Nasen-Rachen-Raum, die über Luftdruck zum Schwingen gebracht werden und dabei Geräusche erzeugen.

Die Geräusche oder Klicks der Schweinswale liegen im Ultraschallbereich bei ca. 130 Kilohertz. Sie sind also für den Menschen nicht mehr hörbar. Das menschliche Gehör nimmt Töne bis zu 20 Kilohertz wahr. Die Schallwellen wandern in den Gehirnschädel, werden von den Schädelknochen reflektiert und dann in die Melone geworfen. Die Melone gilt als »akustischer Fettbereich« des Schweinswals. Im Fettgewebe der Melone wird der Klickton gebündelt und nach außen gegeben. In Serien kann der Schweinswal bis zu tausend Klicks pro Sekunde nach außen geben.

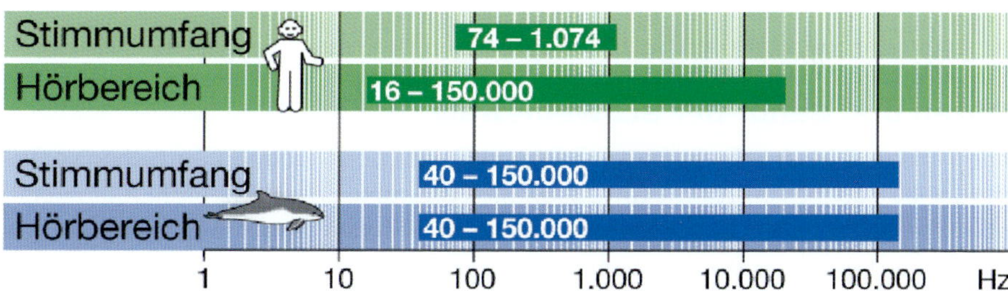

Sowohl der Stimmumfang als auch der Hörbereich ist beim Schweinswal wesentlich größer als beim Menschen. Grafik: Elisabeth Galas.

Wozu dienen die Klicks ganz genau?

Die Klicks der Schweinswale dienen einerseits der Kommunikation der kleinen Wale untereinander, aber auch zur Navigation (Kurs im Meer), zur Orientierung und zum Aufspüren von Fischen.

»Klick, klick: Hallo, hier bin ich.«

Bei einer Serie ausgestoßener Klicklaute in einer Gruppe von Schweinswalen ist bisher unklar, welcher Klick was meint. Sagt der Schweinswal mit »Klick« zu einem Artgenossen: »Hallo, hier bin ich«? Oder ruft ein Weibchen mit seinem Jungem gerade einem männlichen Artgenossen mit einem »Klick« zu: »Komm uns nicht zu nahe!«? Oder sendet ein Schweinswal mit »Klick« nur einen Ton aus, um zu prüfen, wo der nächste Beutefisch ist? Fragen, auf die die Forschung noch keine eindeutigen Antworten gefunden hat. Warum ist das so?

Schweinswalforscherin Anja Gallus vom Deutschen Meeresmuseum in Stralsund erklärt die Gründe: »Während sich Schwertwale in familientypischen Dialekten unterhalten, Delfine im niederfrequenten Bereich (also für uns Menschen hörbar) miteinander schnattern und pfeifen, können die Echoortungsgeräusche der Schweinswale noch nicht eindeutig voneinander unterschieden werden. Nach Aussendung der Klicklaute können wir hinterher einzig die Reaktionen

(Schweinswal ist aggressiv, schwimmt weg oder spricht mit seinem Jungen) der Schweinswale erkennen.«

Vermutlich lassen sich die eingeschränkten Lautkompositionen der Schweinswale auch damit erklären, dass sie im Unterschied zu den Delfinen in nicht allzu großen Gruppenverbänden leben. Meist ziehen sie als einzelne Individuen oder zu zweit die Küstenregionen unserer Meere entlang. Dabei werden die Geräusche unter Wasser abgedämpft:

- durch die übereinanderliegenden Wasserschichten (Oberflächenwasser, Meereswasser am Grund etc.),
- durch die Weite des Raums unter Wasser
- sowie die Salinität (den Salzgehalt) des Meerwassers.

Ohren und Gehör der Schweinswale

Die Wale und auch Schweinswale haben im Laufe der Evolution ihr Gehör verändert, wie zuvor beschrieben wurde. Deshalb vermuteten die Wissenschaftler zuerst, alle Wale seien taub. Das stimmt aber nicht. Inzwischen weiß man, dass Wale wie die Landsäugetiere mit ihrem Gehör Töne aus allen Richtungen unter Wasser sehr gut wahrnehmen. Im Unterschied zu vielen Landsäugern ist aber die Ohrmuschel zurückentwickelt und so klein wie ein Stecknadelkopf, also fast unsichtbar für das bloße Auge. Für die Schweinswale ist ihr Gehör nach wie vor der einzige Sinn, um die Echos zu orten. Mit ihren Ohren sind sie unter Wasser zu exaktem Richtungshören fähig. Beim Schweinswal sind die äußeren Ohren mit Haut bedeckt.

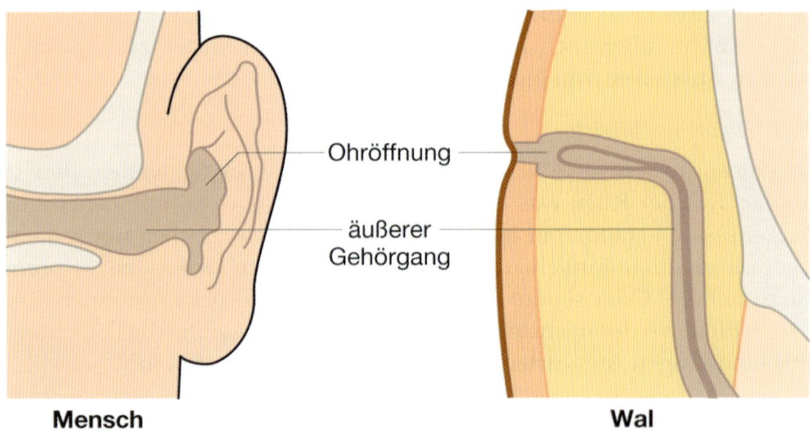

Das Ohr ist beim Schweinswal (rechts) äußerlich fast unsichtbar. Zum einen fehlt ihm eine Ohrmuschel, wie sie beim Menschen (links) und bei landlebenden Säugetieren typisch ist. Zum anderen ist die Ohröffnung auf eine nur stecknadelkopfgroße Pore reduziert. Grafik: Elisabeth Galas.

Unterkiefer als Schalltrichter

Schallwellen (bzw. das Echo der ausgesandten Klicklaute) von außen nimmt der Schweinswal über den Unterkiefer auf. Dieser enthält einen Hohlraum, in dem Fettgewebe eingelagert ist. Dieses Fettgewebe wird (ähnlich wie das Fett der Melone im Schädel des Schweinswals) als akustisches Fett bezeichnet. Sendet der Schweinswal einen Klicklaut aus, so trifft der Klickton beispielsweise auf eine Makrele und wird als Echo von ihr zum Schweinswal zurückgesandt. Der Unterkiefer des Schweinswals reicht bis an den Ohrbereich heran und hat dünne Knochenwände. Das Ultraschallsignal wird über den Unterkiefer und dessen Fettpolster aufgenommen und vom rückgebildeten Trommelfell zu den Mittelohrknöchelchen weitergeleitet. Der Hammer ist mit der Ohrkapsel verwachsen, der Ambos ist frei beweglich und der Steigbügel mit dem Schneckenfenster verbunden. Von dort geht der Reiz über den Hörnerv an das Gehirn. Damit der Schweinswal weiß, aus welcher Richtung der Schall kommt, hat sich im Laufe der Evolution Folgendes entwickelt: Das rechte und linke Gehör sind vom Schädelknochen durch eine schaumig-fettige Emulsion abgetrennt. Sonst würde der kleine Wal durcheinanderkommen, weil ja die Schallwellen aus verschiedenen Richtungen kommen können.

Ist das Signal im Gehirn angekommen, kann sich der Schweinswal ein Bild seiner Umgebung machen. Beispielsweise weiß er nun nach Aussendung des Signals aus seiner Erfahrung: »Aha, 800 Meter vor mir tänzelt ein Hering im Meer. Er ist 28 Zentimeter groß und schwimmt schnell«. Der Schweinswal sendet die meisten seiner Klicksequenzen recht sparsam aus. »Der Schweinswal kann dadurch die empfangenen Echos direkt dem ausgesandten Klick zuordnen und die Entfernung zum reflektierenden Objekt perfekt bestimmen«, sagt Anja Gallus.

9.3.3 Schnelle Schwimmer, ausdauernde Taucher

Wie schnell sind die Schweinswale wirklich?

Zwar können Schweinswale in Punkto Geschwindigkeit nicht mit den extrem schnellen Delfinen oder Schwertwalen mithalten, doch auch ihre Schwimmleistungen sind ganz beachtlich.

Dr. Andreas Pfander kennt die genauen Zahlen: »Man hat herausgefunden, dass die Geschwindigkeiten, von denen man früher ausgegangen war, viel zu hoch eingeschätzt wurden. So war der Walforscher Gray beim Schweinswal von einer Geschwindigkeit von 7,6 m/s ausgegangen, was einer Geschwindigkeit von knapp über 27 km/h entspricht. Dies wird selbst von dem dreimal größeren Kleinen Schwertwal nur knapp erreicht (29 km/h). Heute geht man beim Schweinswal nach verschiedenen Messungen von einer Geschwindigkeit zwischen 1,3 und 6,2 m/s aus, was einer Geschwindigkeit zwischen 5 und 22 km/h entspricht. Der Dall-Schweinswal, bekanntermaßen ein schneller Schwimmer, soll 8,9 m/s (32 km/h) erreichen können, wobei die Höchstgeschwindigkeit nur für ganz kurze Zeit durchgehalten werden kann. Für den Schwertwal finden sich Angaben zwischen 2,8 und 12,5 m/s, entsprechend 10 bis 45 km/h.«

Der Dall-Schweinswal ist ein schneller Schwimmer. Foto: Florian Graner.

Was macht Schweinswale zu effektiven Schwimmern?

Die besten Voraussetzungen, damit Schweinswale mühelos und schnell unter Wasser schwimmen können, bieten ihre glatte Haut und ihr stromlinienförmiger Körper.

Heute weiß man, dass auch die Kraft des Flukenschlages um ein Vielfaches stärker sein muss, als von vielen Forschern lange angenommen wurde. Im Vergleich zum trainierten Körper von Hochleistungsschwimmern entwickeln Delfine und vermutlich auch Schweinswale eine vier- bis siebenmal größere Kraft beim Vorwärtsschwimmen unter Wasser. Dies erreichen sie mithilfe ihrer Fluke, die mit einer kräftigen Muskulatur ausgestattet ist.

Ist vielleicht auch Hautfett im Spiel?

Ein weiterer Faktor, der die Geschwindigkeit unter Wasser erhöht, könnte eine auf der Walhaut beobachtete Gleitschicht sein. Bereits vor 50 Jahren glaubte man, dass die Haut einen Film absondert, der die Reibung vermindert. Aus neueren Untersuchungen weiß man nun, dass von den Fettkammern entlassene Fettzellen zur Hautoberfläche wandern, wo eine wasserabweisende und schützende, gelierende Gleitschicht entsteht.

Gleicht Muskulatur die Meeresströmungen aus?

Möglicherweise spielt auch die Muskulatur in der Unterhaut eine Rolle. Dazu erläutert Dr. Andreas Pfander: »Auf Querschnitten durch den Schweinswalkörper erkennt man eine zusammenhängende, dünne Muskelschicht zwischen Körperkern und dem Blubber. Über die mögliche Funktion gibt es bisher nur Vermutungen. Kurz nach der Entdeckung sah man in dieser Muskulatur eine Möglichkeit, wie Delfine und Schweinswale aktiv ihre Hautoberfläche der Meeresströmung anpassen können, unter Vermittlung der sich im Unterhautfettgewebe rechtwinklig kreuzenden, elastischen Fasern. Wie das eigentlich funktioniert, ob wie durch einen Reflex verursacht, wie wenn wir eine Gänsehaut bekommen, oder ob Schweinswale und Delfine diese Muskeln beim Schwimmen ganz bewusst einsetzen, um Energie zu sparen, ist wie so vieles andere zu diesem Thema bisher noch nicht ausreichend erforscht.«

Wärme als weiterer Faktor?

Eine weitere Vermutung geht davon aus, dass sich das Wasser um den Walkörper erwärmt und sich so die physikalischen Eigenschaften der umgebenden Wasserschicht verändern. So wird Energie eingespart. Hier bedarf es noch weiterer wissenschaftlicher Klärung.

Tief und lange tauchen

Gehen Menschen im Meer baden, können sie für kurze Zeit gefahrlos tauchen, ohne dass die Sauerstoffzufuhr im Blut eingeschränkt ist. Wie verhält sich das beim Schweinswal? Generell ist zu sagen, dass beim Tauchen – unabhängig davon, ob es sich um einen Menschen, einen Wal oder ein landlebendes Säugetier handelt – im Körper Folgendes passiert:

- der Blutdruck sinkt
- der Puls verlangsamt sich
- die Herzfrequenz verringert sich

Beim Schweinswal wird zusätzlich der Sauerstoffvorrat rationiert, damit längere Tauchgänge möglich sind. Hierbei verengen sich die Blutgefäßwände. Dadurch werden bestimmte Körperbereiche vom sauerstoffreichen Blutfluss abgetrennt. So können beim Tauchen besonders das Herz und Gehirn des Schweinswals mit sauerstoffreichem Blut versorgt werden. Dadurch können Schweinswale sechs Minuten unter Wasser bleiben, ohne Luft zu holen.

Schweinswale können außerdem tief tauchen. Anja Gallus hält eine Maximaltauchtiefe von 223 Metern für möglich. Andere Schweinswalexperten gehen davon aus, dass Schweinswale – abhängig vom Fjord und der jeweiligen küstennahen Meerestiefe – sogar noch tiefere Meeresschichten erreichen können.

Damit die Schweinswale schnell in tiefere Meeresgefilde vordringen können, setzen sie ihre verhärtete Schwanzflosse ein. Wie erklärt sich das Phänomen? Einerseits öffnen sich im Schwanzflossenbereich die weit und vielfach verästelten Arterien. Andererseits verschließen sich die Venen. So wird der Abfluss des Blutes gestoppt und die Fluke wird mit viel Blut angereichert und hart. So unterstützt die Fluke die schnellen Schwimmbewegungen der kleinen Wale geradeaus oder senkrecht nach unten zum Meeresgrund.

9.4 Wie intelligent sind Schweinswale?

9.4.1 Was ist (tierische) Intelligenz?

Die Frage nach der Intelligenz bei Walen – oder bei Tieren ganz allgemein – ist nicht leicht zu beantworten. Das liegt zum einen daran, dass es bis heute keine allgemein anerkannte Definition von Intelligenz gibt, und zum anderen daran, dass sich die für die menschliche Intelligenz entwickelten Konzepte nur schwer auf die Tierwelt übertragen lassen. Der amerikanische Psychologe David Wechsler etwa definierte Intelligenz als »die zusammengesetzte oder globale Fähigkeit des Individuums, zweckvoll zu handeln, vernünftig zu denken und sich mit seiner Umgebung wirkungsvoll auseinanderzusetzen« (Wechsler & Bondy 1964). Auf dieses Konzept gehen beispielsweise auch die sogenannten Hamburg-Wechsler-Intelligenztests für Kinder und Erwachsene zurück. Es ist einsichtig, dass sich ein solcher Intelligenzbegriff bzw. solche Intelligenztests kaum auf Tiere anwenden lassen (siehe dazu auch die weiterführenden Erläuterungen von Dr. Andreas Pfander gegen Ende des Kapitels). Eine allgemeinere Definition sieht Intelligenz als die Fähigkeit zum Problemlösen, was auch als planendes Vorausschauen oder Lernen durch Einsicht bezeichnet wird – im Gegensatz etwa zum Lernen durch Versuch und Irrtum, Erfahrung oder Nachahmung. In der Verhaltensbiologie und in Bezug auf tierisches Problemlösen gilt im Allgemeinen die Gleichsetzung von Intelligenz und Einsichtsfähigkeit (Lexikon der Biologie 1999). Planendes Vorausschauen im eigentlichen Sinn ist nach derzeitigem Kenntnisstand wohl nur den höchstentwickelten Tieren möglich, z. B. den Menschenaffen. Allerdings verfügen auch weniger hoch entwickelte Tiere häufig über eine sogenannte Raumintelligenz. Darunter versteht man die Fähigkeit, Bewegungen im Raum vorausschauend zu planen. Aus dem Gesagten ist zu folgern, dass sich eine hieb- und stichfeste Definition für tierische Intelligenz nicht bestimmen lässt. Wie der bekannte Zoologe Josef Reichholf (2009) in seinem vielbeachteten Buch über die Intelligenz der Rabenvögel sagt: »Abgrenzungen [hinsichtlich der Begriffsbestimmung der Intelligenz] lassen sich kaum in der Klarheit vornehmen, die sie vortäuschen, weil in der Natur die Übergänge fließend sind. Besser ist es, die Befunde, das Erlebte direkt darzustellen. Darüber kann dann jeder nachdenken und sich seinen Reim darauf machen.« Diesem Rat wollen wir bei der Frage nach der Intelligenz der Schweinswale folgen. Dabei werfen wir auch einen Blick auf deren Walverwandtschaft, denn manches ist in dieser Hinsicht beispielsweise bei Delfinen besser untersucht als bei den Schweinswalen.

9.4.2 Wale verfügen über Walintelligenz

Das Gehirn der Wale und dessen Leistungen haben sich im Laufe der Evolution in Anpassung an den Lebensraum Wasser entwickelt. Daher ist es nicht verwunderlich, dass die Aspekte, die die Intelligenz bei Walen beschreiben, ganz andere sind als jene der menschlichen Intelligenz: Wale verfügen eben über Walintelligenz. Die Intelligenzleistungen der Wale äußern sich dabei vor allem bei der Orientierung im Raum mithilfe ihres Echolotsystems und bei ihrem komplexen Sozialverhalten mittels Lauten. Forscher sprechen bei Walen daher auch von *akustischer* Intelligenz. Wir betrachten dies im Folgenden näher.

Raumintelligenz

Wie wir in Kapitel 9.3.2 gesehen haben, verfügen Zahnwale, und somit auch Schweinswale, über ein Biosonarsystem, mit dessen Hilfe sie nicht nur ihre Beute orten, sondern auch in ihrem dreidimensionalen Lebensraum navigieren. Sie erkennen also den Raum nicht mit ihren Augen, weil die Ozeane zu dunkel und tief sind, sondern über ihr besonderes Gehör und das Echolotsystem, deren Informationen ans Gehirn weitergegeben und dort verarbeitet werden.

Dabei geht Schweinswalexperte Dr. Andreas Pfander davon aus, dass »die akustischen und optischen Projektions-[Wiedergabe-]felder auf der Großhirnrinde dicht beieinanderliegen, sodass die Wale wahrscheinlich ‚switchen' können [das heißt, dass sich die Gehirnaktivität in beiden Feldern überlappt] und es vielleicht in den gleichen Speicher geht«. Über die ausgesendeten und eingefangenen Schallwellen unter Wasser entwerfen sie ein exaktes Bild ihrer Umgebung.

Ein Pottwal beispielsweise kann bis zu 3 000 Meter tief tauchen und gelangt dabei in Ozeantiefen, in denen völlige Finsternis herrscht. Sein Sonar analysiert den Raum so genau, dass er erkennt, wie tief das Meer ist, ob sich ein Boot an der Meeresoberfläche befindet, wo und wie weit Schiffsschrauben eines Ozeandampfers von ihm entfernt sind oder ob ein Beutetier in rund 800 Metern Entfernung zu ihm schwimmt.

Schweinswale und andere Zahnwale haben also dank ihres Echolotsystems ein räumliches Verständnis ähnlich wie die Schulkinder und Erwachsenen im

Hamburg-Wechsler-Test, wenn sie Mosaike oder geometrische Figuren (Kreise und Dreiecke) optisch auswerten und richtig zuordnen. Das Sonar ist so genau und feinsinnig, dass beispielsweise ein Delfin zwei unterschiedlich große Kugeln, die für das menschliche Auge gleich groß aussehen, unterscheiden kann.

Haben Wale eine Sprache?

Natürlich kann ein Wal nicht rechnen, er kann auch nicht wie wir Sätze in menschlich gesprochener Sprache bilden. Aber US-amerikanische Forscher haben herausgefunden, dass Delfine mithilfe gelernter Symbole einfache Sätze bilden können und auch ein Verständnis für Grammatik haben. So haben Walexperten an der Universität in Hawaii entdeckt, dass Delfine in der Lage sind, Fünf-Wort-Sätze mit unterschiedlicher Reihenfolge der Wörter zu begreifen. So verstehen sie beispielsweise den Unterschied zwischen zwei Kommandos: »Bring den Ball zum Ring« und »Bring den Ring zum Ball«. Mark Peter Simmonds (2006) schlussfolgert daraus: »Solche Studien an der Universität von Hawaii zeigen, dass Delfine eine künstliche Sprache verstehen können, darin eingeschlossen Konzepte von Grammatik und Syntax«.

Zudem haben Wale unter Wasser eine besondere Lautäußerungsfähigkeit entwickelt, und das obgleich ihnen die Stimmbänder fehlen. Bekannt sind die Gesänge der Belugas, die deshalb auch als die Kanarienvögel im Eismeer bezeichnet werden. Dagegen hören sich die Töne des Narwals wie ein Krächzen unter Wasser an. Der Schweinswal sendet ähnlich wie der Entenwal zarte Klicklaute aus. Langgedehnte Töne gibt dagegen der Schwertwal von sich, die weit in die Tiefen der Ozeane ausstrahlen. Sehr geschwätzig erscheint der Fleckendelfin, der hintereinander ganze Serien lauter Klicklaute und Pfeiftöne ausstößt. Auf der Internetseite von GEO (Link siehe Kapitel 12) kann man sich die Geräusche und Gesänge von verschiedenen Walarten anhören: dem Grönlandwal, dem Großen Tümmler, dem Schweinswal, dem Grauwal, dem Buckelwal, dem Schwertwal und dem Grindwal.

Zur Bedeutung der Walgesänge hat die Zeitschrift GEO die neuesten Ergebnisse der Walforschung veröffentlicht. Die Erkenntnisse beruhen auf Untersuchungen mithilfe eines Netzwerks von Unterwasser-Mikrofonen (SOSUS/Sound Surveillance System) der US-Navy. Die Hydrofone (von denen schon in den Kapiteln 3, 4 und 5 die Rede war) erfassen die Walgesänge in einem Umkreis von bis zu 40 Kilometern Entfernung. Forschern ist es möglich, die einzelnen Stimmen der Wale zu identifizieren und der jeweiligen Walart zuzuordnen. Außerdem entdeckten sie, dass sich die Meeressäuger innerhalb einer Art in unterschiedlichen Dialekten austauschen (www.geo.de/GEO/natur/tierwelt/wale-unterhalten-sich-in-dialekten-4988.html).

Können Wale denken?

Walforscher sind überzeugt, dass Wale denken können. Was spricht für diese Annahme?

A. Imitation

Wenn Delfine über längere Zeit in Gefangenschaft leben, kann man beobachten, dass sie in der Lage sind, über das Verhalten anderer Tiere nachzudenken. Sie lernen nämlich, andere Tiere zu imitieren. Beispielsweise ahmen Tümmler den Bewegungsablauf von Robben nach, wenn sie mit ihnen in einem Becken schwimmen. Bei der Nachahmung rudern die Delfine nur mit den Vorderflossen und halten dabei – entgegen ihrem eigenen Bewegungsrhythmus – die Schwanzflosse ruhig. Beobachtet wurde auch, wie sie die Schwimmbewegungen von Schildkröten, Rochen und Pinguinen nachahmten. Ein Tümmler versuchte sogar, mit der Feder einer Möwe, Algen von der Fensterscheibe in einem Aquarium zu putzen. Das Reinigen der Fensterscheiben hatte der Tümmler zuvor bei einem Taucher beobachtet. Dabei stieß das Tier einen Schwung Luftbläschen aus und imitierte dabei die Luftblasen, die der Taucher zuvor in seiner Taucherausrüstung beim Reinigen der Glasfenster freigesetzt hatte.

Delfine interagieren mit anderen Tieren, wie hier mit einem Seelöwen, und ahmen sogar ihre Bewegungen nach. Foto: Andrea Izzotti.

B. Erfindungsreichtum und Lernfähigkeit

Delfine sind außerdem erfinderisch. So gibt es antrainierte Kunststücke, die ein Delfin gegen eine Belohnung in Gefangenschaft durchführen kann: beispielsweise auf der Wasseroberfläche mit der Schwanzspitze zu gehen. Wurde den Delfinen die Belohnung vorenthalten, erfanden sie selbst neue Kunststücke, um an Futter heranzukommen.

Intelligente Orcas in US-amerikanischen Freizeitsparks

Aus dem Fernsehen kennt man Orcas, die in Freizeitsparks hochspringen und die tollsten Kunststücke vollbringen. Doch diese Fähigkeiten sind durch den Menschen antrainiert. Die Orcas entwickeln in Gefangenschaft offenbar aber auch eigene Verhaltensweisen, um vergleichbar dem Lebensraum Meer auf Jagd gehen zu können. Natürlich gibt es in Schwimmbecken keine lebendigen Fische, aber Seevögel. Wie manche Orcas in Gefangenschaft auf diese Tiere Jagd machen, erklärt Dr. Andreas Pfander.

»Schwertwale, die in einem Freizeitpark in San Diego (USA) gehalten werden, sind auf einen Trick gekommen, wie sie Seevögel fangen können. Sie lassen dazu den für sie bestimmten toten Fisch scheinbar absichtslos an der Wasseroberfläche treiben, und wenn sich dann eine hungrige Möwe darauf stürzt, überfallen und töten sie sie. Möwen gehören nicht in das Beuteschema wildlebender Orcas, auch in Gefangenschaft lebende Schwertwale fressen sie nicht (Kirby 2012). Anders als junge Krokodile, die in einem Zoo auf der Insel Teneriffa gehalten werden. Sie warten neben ihrem noch halbgefüllten Futternapf auf Eidechsen, die aus ihren Verstecken hervorkommend der Verlockung nicht widerstehen können. Blitzschnell werden sie gepackt, ertränkt und verschlungen. Bei den Schwertwalen sprechen Wissenschaftler von einem zwar unnatürlichen, aber intelligenten Verhalten, und die Krokodile sind …? Vielleicht einfach nur clever?«

Orcas beeindrucken durch komplexes, intelligentes Verhalten, beispielsweise beim Interagieren in der Gruppe. Foto: Andrea Izzotti.

C. Problemlösungsfähigkeit

Delfine haben auch die Gabe, Probleme zu lösen. Dies wurde von Schiffsmannschaften auf hoher See beobachtet, die häufig über jagende Delfinschulen auf Fischschwärme im Meer aufmerksam werden. Wenn sie dann ihre Netze ins Meer zum Fischschwarm herabließen und es befanden sich auch Delfine in den Netzen, so suchten diese nach einer Öffnung und schwammen, wenn es sie gab, aus den Netzen wieder heraus. Diesbezüglich ist aber auch das gegenteilige Verhalten bekannt, nämlich, dass das Zusammengehörigkeitsgefühl unter den Delfinen dazu führt, dass wenn ein Artgenosse im Netz gefangen ist, die anderen das Netz auch nicht verlassen.

Das problemlösende Denken der Delfine zeigt sich ebenso bei der Hilfe verletzter Artgenossen. Sinkt ein Delfin aufgrund einer Verletzung zum Meeresgrund ab, so eilen ihm andere Delfine zur Hilfe. So wurde in Gefangenschaft beobachtet, dass Delfine andere Delfine, die absinken, mit ihrem eigenen Leib heben und zur Oberfläche mit dem Blasloch nach oben befördern, damit diese atmen können. Dabei helfen Delfine vorzugsweise Jungtieren oder Weibchen. Männlichen Tieren dagegen, die verletzt sind, wird nicht immer geholfen, da sie als Rivalen und Konkurrenten bei der Fortpflanzung angesehen werden.

Delfine und Fischer fischen im Teamwork

Wie erstaunlich lernfähig die Meeressäuger sind, zeigt auch das folgende Beispiel, das Dr. Andreas Pfander zu erzählen weiß.

»Im Ayeyarwady- Fluss in Myanmar kooperieren Irawadi-Delfine und Fischer beim Fischfang miteinander. Der Fischer sucht die Delfine, indem er mit einem speziellen Stock (»labai kway«) an die Bordwand klopft. Ein oder zwei auftauchende Delfine kreisen dann die Fische ein und treiben sie auf das Ufer zu. Dann geben sie dem Fischer ein Zeichen für das Wurfnetz, gleichzeitig verwirren sie den Fischschwarm durch Schläge mit der Fluke und die von ihnen erzeugten Turbulenzen. Durch das sinkende Netz ist der Fluchtweg für die Fische versperrt. Die Fische am Boden und an den Ecken des Netzes werden, bevor sie entkommen können, Beute der Delfine. Eine echte Win-win-Situation für die Delfine und die Fischer. Letztere müssen übrigens die Zusammenarbeit einschließlich der richtigen Handhabung des Netzes in einer längeren Ausbildung und Einweisung erst lernen. Wahrscheinlich ist es bei den Irawadi-Delfinen ganz ähnlich«.

9.4.3 Wie zeigt sich Intelligenz bei Schweinswalen?

Da die Schweinswale innerhalb der Unterordnung der Zahnwale mit zu den kleinsten Walen gehören und eine eigene Familie bilden, weisen sie viele besondere Eigenschaften auf. Bereits vor über 300 Jahren, um 1671, forschte ein

Wissenschaftler namens Ray über Schweinswale und vermutete, dass die Tiere über hochentwickelte Gehirne verfügen. Dass das Gehirn des Schweinswals die Anzahl der Gehirnwindungen des Menschen deutlich übertrifft, wurde aber erst 1934 von Wissenschaftlern erkannt.

Dr. Andreas Pfander, der die gesichteten Schweinwale in der Kieler Bucht zählt, verrät Folgendes zur Intelligenz der Schweinswale.

Schweinswale haben hochkomplexe Gehirne

Dr. Andreas Pfander: »Es wurde angenommen, dass Delfine, Schweinswale und Wale hinsichtlich ihrer Intelligenz mit den Primaten einschließlich des Menschen zu vergleichen sind. Kritiker führten dabei ins Feld, die graue Substanz sei bei den Cetaceen (Walen) viel dünner – etwa um die Hälfte vergleichbar großer Säugetiere – und hätte weniger Zellschichten; insbesondere fehlt die mit dem Thalamus verbundene vierte Schicht, die gerade bei den Primaten sehr ausgeprägt ist. Ein Forscher behauptete sogar, das große Gehirn diene vorwiegend der Wärmeregulation, was aber schnell widerlegt werden konnte. Konsens ist daher heute: Wale, Delfine und Schweinswale verfügen, obwohl sie verschiedenen evolutionären Entwicklungslinien entstammen, ebenso wie Elefanten und Primaten über hochkomplexe, große Gehirne. Aber was machen sie damit, wozu sind diese gut? Wir kommen also zum ›Nichtstofflichen‹ der Frage, was eigentlich Intelligenz ist. Diese Frage ist sowohl für den Schweinswal als auch für den Menschen schwierig zu beantworten.«

Schweinswale sind anders intelligent als wir

Dr. Andreas Pfander: »Für den Menschen gibt es im deutschsprachigen Bereich den inzwischen über fünfzig Jahre alten »Hamburg-Wechsler-Intelligenztest für Erwachsene«, von dem man glaubt, die Intelligenz quantifizieren zu können. Aber wie führt man überhaupt einen Test bei einem Tier durch, das man nur kurz an der Oberfläche sieht und das nach zwanzig Sekunden, wenn man es überhaupt wieder entdeckt, bereits in einiger Entfernung auftaucht? Ich versuche es in meinen Vorträgen so zu erklären: Ein Schweinswal würde sicher keinen herkömmlichen Intelligenztest bestehen, aber selbst ein Mensch mit dem höchsten IQ würde sich bei Tag und besonders nächtens in den engen Fjorden und Belten hoffnungslos verirren, geschweige denn Beute finden. Da eine genaue Definition, was eigentlich Intelligenz ist, bisher fehlt, müssen wir davon ausgehen, dass jede Art eine Intelligenz besitzt, die es ihr ermöglicht, in ihrem Habitat [Lebensraum] zu überleben. Ob Schweinswale den sogenannten ›Spiegeltest‹ [die Frage also, ob der Schweinswal im Spiegel sein Spiegelbild erkennen würde] bestehen, ist derzeit noch ungeklärt. Die Trainer des Dolphinariums Harderwijk haben schon vor zwanzig Jahren herausgefunden, dass hinsichtlich der Auffassungsgabe ein deutlicher Unterschied zwischen Großen

Tümmlern (*Tursiops truncatus*) und Schweinswalen besteht: Einen Versuchsablauf, den man Ersterem in zwei Wochen mühsam beibringen musste, brauchte man einem Schweinswal nur einmal zu zeigen.«

Sprachbegabte Schweinswal-Weibchen

Dr. Andreas Pfander: »Ich selbst habe bei MARCO, der vor zwanzig Jahren als Schweinswalbaby in dieser Einrichtung [Dolphinarium Harderwijk] aufgezogen wurde und zu dem ich eine besondere Beziehung hatte, immer das Gefühl gehabt, es mit einem wachen Intellekt zu tun zu haben. Und wenn Wassersportler auf www.hvaler.dk berichten, dass Schweinswale neugierig an ihre Boote heranschwimmen und man das Gefühl hat, sie interessieren sich dafür, was sich da oberhalb der Wasseroberfläche abspielt, könnte das auch für die Annahme einer höheren Intelligenz beim Schweinswal sprechen. So gehe ich analog zu besser untersuchten Arten wie Schwertwal und Großem Tümmler davon aus, dass Schweinswale in organisierten Familienverbänden leben, in denen die deutlich größeren Frauen dominieren und eine Sprache und Kultur entwickelt haben.

Im Übrigen halte ich es mit einem der renommiertesten Wal- und Delfinforscher, der es so ausdrückt: Wenn man sich vergegenwärtigt, welche wunderbaren Tiere das sind, ist es nur gerecht, auch über ihre Grenzen nachzudenken. Delfine sind perfekt an die Umweltbedingungen angepasst, unter denen sie sich in Millionen von Jahren entwickelt haben. Damit aber verfügen sie nicht notwendigerweise über die Fähigkeit zu einem schlüssigen Verhalten, das uns simpel erscheint. Er nennt in diesem Zusammenhang die Tatsache, dass es Delfine einfach nicht fertigbringen, um der tödlichen Gefahr zu entkommen, über den Rand des sich zusammenziehenden Thunfischnetzes zu springen, was ihre Rettung bedeuten würde (OCEANO 2015). Auch Schweinswale vermeiden es, über eine Leine zu schwimmen und tauchen stattdessen lieber darunter durch, was sicher ein Grund dafür sein könnte, dass sie sich so häufig in Stellnetzen verfangen. Vielleicht liegt es daran, dass Schweinswale und Delfine nach einer eine Million Jahre währenden Erfolgsgeschichte durch ihre genetische Programmierung bedingt zu konservativ geworden sind, um neue Verhaltensweisen auszuprobieren.«

Weitere Beispiele für die Intelligenz der Schweinswale lassen sich aus dem vielfältigen Verhaltensrepertoire der Tiere entnehmen: vom Sonnen an der Meeresoberfläche über ein ausgeprägtes Spielverhalten bis hin zu regem Erfindungsreichtum, wenn Artgenossen in Not geraten.

A. Ausspannen und die Ruhe genießen

Wissenschaftler haben beobachtet, dass die tag- und nachtaktiven Schweinswale auch Ruhepausen einlegen. Dabei meiden die Schweinswale den Meeresboden zum Ruhen, wo sich beispielsweise manche Haiarten regungslos aufhalten. Schweinswale lassen sich lieber an der Wasseroberfläche treiben, ohne ihre Flossen zu bewegen, damit ihnen die Sonne auf die Haut scheint und sie wärmt. Diese Ruhepausen legen Schweinswale oft nach längeren Jagdtauchgängen ein. Dabei verlangsamt sich ihre Atmung und sie halten die Augen geschlossen.

Schweinswale sind aber leicht schreckhafte Wesen. Kommt es zu Störungen, öffnen sie die Augen und schwimmen mit unrhythmischen Körperbewegungen weiter. Meist bewegen sie sich vom Ort der Störung kreisförmig weg. Verletzte Artgenossen, die sich laut im Wasser äußern oder Artgenossen in Not (durch Netze etc.), können andere Schweinswale aber auch davon abhalten, diesen gefährlichen Ort aufzusuchen.

Schweinswale lassen sich gerne die Sonne auf den Rücken scheinen. Foto: Jean–Pierre Sylvestre, ORCA-KANADA, WDC.

B. Wellenreiten

Auch das Spielverhalten der Schweinswale, das sich leicht von dem der Delfine unterscheidet, ist ein untrügliches Zeichen ihrer besonderen Intelligenz. So reagieren sie beispielsweise auf einen Wetterumschwung spielerisch: Wenn ein Sturm aufzieht und dabei das Oberflächenwasser in Wellengang versetzt, dann surfen Schweinswale auf den Wellen oder springen auch munter wie die Delfine über die Wellen drüber.

Spielverhalten zeigt sich besonders unter den Jungtieren, die gerne mit anderen Jungtieren spielen und dabei aus dem Wasser in die Luft springen. Dabei ist das Springen aus dem Wasser kein so häufiges Bild der Schweinswale im Meer, die im Wesen scheuer als Delfine sind.

C. Spiel, um den Bewegungsdrang auszuleben

Ähnlich wie Delfine haben Schweinswale einen ausgeprägten Drang, sich zu bewegen. Sind sie in Gefangenschaft, so äußert sich der Bewegungsdrang im Spiel mit den Futterfischen. Dabei balancieren sie auf ihrer Schnauze Futterfische, lassen sie abrutschen und schnappen sie dann im nächsten Tauchgang mit ihren kräftigen Zähnen. Aale, Lachse, Algen, Seesterne oder Seetang werden an die Wasseroberfläche geholt und mit der Schwanz- oder Rückenflosse in Schwimmrichtung bewegt, bis sie leicht tänzeln. So können die Schweinswale ihr Spiel über Stunden fortsetzen und sich dabei auch auf beengtem Raum mühelos beschäftigen.

D. Spiel für soziale und emotionale Nähe

Weibchen lieben zudem das Spiel mit ihren Geschlechtsgenossinnen. So wurde beobachtet, wie mehrere Schweinswalweibchen nebeneinander oder in Stufen übereinander im Meerwasser glitten und sich dabei leicht mit der Flosse berührten, ähnlich wie es Männchen und Weibchen bei der Paarung tun. Zum typischen Spielverhalten gehört auch die Drehung um die eigene Achse.

E. Erfinderische Mütter und Kälber in Notsituationen

Mütter tauchen mit ihren Kälbern längere Zeit ab, wenn sie Fangschiffe auf dem Meer wahrnehmen, um den Nachwuchs vor der Gefahr zu schützen. Wird eine Mutter-Kind-Gruppe von einem Fangschiff bedrängt und sie kann es nicht abschütteln, so lenken die Mütter das Schiff vom Kalb ab. Wird ihr Junges in einem Netz gefangen, so kann es mitunter vorkommen, dass die Mutter zu ihrem Jungen ins Netz springt.

10 Zurück ins Wasser: Evolution der Wale

10.1 Wer ist der Urahn der Wale?

Die Wissenschaft hat lange danach geforscht, wer der Urvater der Wale ist. Lange Zeit galt der *Protocetus* aus Ägypten als frühester Urwal (Archaeoceti). Die Gattung *Protocetus* gehört zur Familie Protocetidae. Diese etwa delfingroßen Tiere hatten kurze Gliedmaßen, die vermuten lassen, dass sie sich nur schlecht an Land bewegen konnten. Vermutlich lebten sie hauptsächlich im Wasser. Der *Protocetus* lebte vor über 45 Millionen Jahren (im Erdzeitalter des Eozäns) auf der Erde.

Der Urwal Protocetus lebte vermutlich bereits hauptsächlich im Wasser.
Grafik: Elisabeth Galas.

Dann gelang der Forschung durch die Entdeckung eines weiteren Fossils Erhellung in der Frage nach dem Ursprung der Wale. Den entscheidenden Fund hierzu machte der französische Paläontologe Jean-Louis Hartenberger im Dezember 1979 in Nordpakistan. Dort schlug er mit dem Hammer einen Stein auf, aus dessen Oberfläche ein kleiner fossiler Knochen hervortrat. Der Knochen entpuppte sich als der Kamm eines sehr gut erhaltenen Hinterschädels. Er legte die Grundlage für die Beschreibung einer neuen Art, des *Pakicetus inachus*. Er gilt als ein Vertreter der Urwale aus der allerfrühesten Phase der Walentwicklung.

Pakicetus tauchte vor 48 Millionen Jahren im Zeitalter des Eozäns auf und war nicht größer als ein Wolf. Das Säugetier lebte in Pakistan und Indien. *Pakicetus* hatte noch vier Beine mit Gelenken und Füßen, wie man später entdeckte. Man fand in seinem Skelett eindeutige Paarhufermerkmale. So entdeckten Wissenschaftler, dass ein Teil des Sprunggelenks, das Rollbein, dem der Paarhufer entspricht. Zudem fand man eine doppelte Gelenkrolle, die nur Paarhufer haben. Diese Merkmale nahm die Wissenschaft als anatomischen Beweis, dass der *Pakicetus* mit den Paarhufern verwandt ist (zu den heutigen Paarhufern gehören beispielsweise Rinder, Schweine, Ziegen, Giraffen und auch Flusspferde). Um allerdings eine Verbindung zwischen *Pakicetus* und den Walen herzustellen, musste die Forschung erst einmal die enge Verwandtschaft der Wale zu den Paarhufern aufdecken. Bis dahin galt irrtümlich eine andere Gruppe als Vorfahren der Wale: die Mesonychiden.

10.2 Der Irrtum – Die Mesonychiden galten lange als vermeintliche Vorfahren der Wale

Die Familie der Mesonychiden gehört zur großen Gruppe der Urhuftiere. Sie waren landbewohnende Fleischfresser und lebten in der Zeit vor 60 bis 35 Millionen Jahren. Sie kamen in Ostasien und Nordamerika vor und lebten auch an den Ufern des früheren Tethysmeeres vor dem heutigen Kontinent Afrika. Wegen ihrer Schädelform und der Zähne, die Ähnlichkeiten zu denen der Wale aufwiesen, galten sie lange Zeit als deren Vorfahren. Die Urhuftiere sahen im Vergleich zu den heutigen Huftieren anders aus. Sie hatten lange Schnauzen und viele Zähne sowie an jedem Fuß fünf Zehen, an denen schon kleine Hufe saßen. Von ihnen stammen die Huftiere und Raubtiere ab.

Die Mesonychiden galten so lange als die wahrscheinlichsten Vorfahren der Wale, bis man entdeckte, dass die Wale mit den Paarhufern zusammengehören: Das bereits erwähnte spezielle Paarhufer-Sprungbein wiesen Forscher im Jahr 2001 bei den frühen fossilen Walen aus dem Eozän nach. Da es den Mesonychiden fehlt, können sie nicht die Vorfahren der Wale gewesen sein.

Über zellbiologische Studien war es auch Biologen möglich nachzuweisen, dass die Wale in Wahrheit stammesgeschichtlich von den Paarhufern (Artiodactyla) abstammten. Und einer der ältesten Wale ist eben *Pakicetus*.

Die Ähnlichkeit mit dem heutigen Wal ergibt sich aus der Form und der Anatomie des Schädels und dem langgestreckten Oberkörper. Beim Vergleich der folgenden Abbildungen fallen die Ähnlichkeiten zwischen dem Urtier und dem heutigen Schweinswal auf.

Pakicetus, einer der ältesten Wale, lebte noch an Land. Grafik: ELISABETH GALAS.

Die Zeichnung des *Pakicetus* zeigt seine lang nach vorne ausgezogene Schnauze und die noch an das Hören an Land angepassten Ohren, die sich im Laufe der Evolution der Wale verändern sollten. Der *Pakicetus* hatte auch die Augen und die Nase frontal am Schädel sitzend und vermutlich war sein Gebiss noch nicht in vollendeter Form an das Greifen von Fischen angepasst. Beim Vergleich der folgenden Schädelabbildungen zeigt sich aber bereits die anatomische Ähnlichkeit zwischen dem *Pakicetus* und dem heutigen Schweinswal. Alle Zähne einer Reihe stehen bereits hintereinander, denn im Unterschied zu den Paarhufern haben Wale keine nebeneinanderstehenden Schneidezähne.

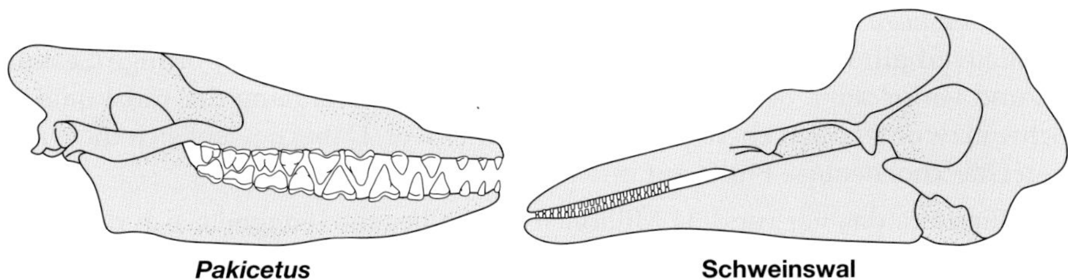

Der Schädel von Pakicetus inachus (links) lässt Ähnlichkeiten zum Schädel eines Schweinswals (rechts) erkennen. Grafiken: Elisabeth Galas.

10.3 Schrittweise Anpassung an das Leben im Wasser

Im Laufe von Millionen Jahren passten sich die Urwale immer besser an ihre neue Umgebung, das Wasser an. Die Sinnesorgane, die zunächst für ein Überleben an Land geeignet waren, nützten den Urwalen im Wasser nicht viel, wollten sie länger darin verweilen. Sowohl die Augen als auch die Ohren passten sich zunehmend an das Leben im Wasser an (siehe auch Kapitel 9.3.1 und 9.3.2). Vor 45 Millionen Jahren waren die Wale allerdings noch nicht zur Echoortung in der Lage. Diese Fähigkeit entwickelte sich bei den Zahnwalen vermutlich erst später, im Oligozän (siehe Kapitel 9.3.2). Die Nasenpartie nahm eine andere Form an. Sie wanderte von der Schnauzenspitze zusehends in die Scheitelhöhe des Schädels, wo sie zum Blasloch wurde.

Die Urwale hatten zunächst auch noch kleine Hinterbeine und große Füße zum Paddeln. Sie lebten amphibisch, das heißt, sie konnten wie die Amphibien im Wasser und an Land verweilen. Der entscheidende Schritt, ganz im Wasser zu leben, also aquatisch zu werden, erfolgte noch im Eozän. Dabei veränderten sie die Anatomie und das Skelett weiter. Die hintere Extremität haben die Urwale vor 40 bis 45 Millionen »aufgegeben«: zunächst verlor das Becken den Zusammenhang zum Kreuzbein, dann wurden Fuß und Bein zurückgebildet und »eingezogen«. Die Wale hatten nun also keine Hinterbeine mehr und auch die Vorderextremitäten hatten sich zu Flippern weiterentwickelt.

Weitere Veränderungen betrafen die Wirbelsäule: So verkürzte sich einerseits die Halswirbelsäule, wobei die Halswirbel oft miteinander verschmolzen. Andererseits verlängerte sich aber die gesamte Wirbelsäule, besonders die Lenden- und Schwanzwirbelsäule. Ein kurzer und steifer Nacken ist für ein schnelles Schwimmen unerlässlich. Dies zeigt beispielsweise die Entwicklung des Kleinen Schwertwals (*Pseudorca crassidens*), des Weißschnauzen-Delfins

(*Lagenorhynchus albirostris*), aber auch des Schweinswals in unterschiedlichen Größenverhältnissen. Der Körper nahm zudem eine stromlinienförmige Gestalt an und verlor seine Behaarung. Das flexible Rückgrat entlang der muskulösen Schwanzwurzel dient ebenso dem Antrieb im Meer. Dabei bewegt sich die waagerechte knochenlose Fluke auf und ab.

Im Oligozän, das vor rund 34 Millionen Jahren begann, ereignete sich dann ein weiterer Sprung in der Evolution der Wale: Ursprünglich hatten alle Urwale wie ihr Vorläufer *Pakicetus* Zähne, mit denen sie Beute, z. B. Kalmare und Fische, gut greifen konnten. Doch einige Wale entwickelten auf einmal etwas anderes als Zähne: Barten. Es erfolgte also die Aufspaltung in die beiden heute noch existierenden Walgruppen: die Bartenwale (Mysticeti) und die Zahnwale (Odontoceti). Zu den Bartenwalen gehören die Glattwale, die Grauwale, Furchenwale und Zwergglattwale. Zu den Zahnwalen gehören u. a. die Schweinswale, Delfine, Gründelwale, Amazonas-Flussdelfine, Gangesdelfine, Pottwale und Schnabelwale.

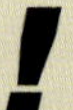

Was sind Barten?

Barten bestehen aus Keratin (Horn), ähnlich wie die menschlichen Haare und auch die Finger- und Fußnägel. Es sind längliche Platten, die von der Epidermis gebildet werden. Sie hängen wie Kämme vom Oberkiefer herab. Die Barten überlappen sich im Mundraum der Wale und bilden einen Saum aus Haaren. Hiermit sieben die Wale Schwärme von garnelenähnlichen Kleinlebewesen wie den proteinhaltigen Krill oder kleine Fische aus dem Wasser.

Etappen der Evolution der Wale im zeitlichen Bezug zu anderen wichtigen entwicklungsgeschichtlichen Ereignissen. Quellen: Zoologisches Museum Hamburg, Internet-Projekt Cetacea.de und eigene Recherchen.

Epoche der Erdgeschichte	Zeit	Bemerkungen
Holozän (Gegenwart)	0,0117 Millionen Jahre bis heute	***Homo sapiens*** einzig überlebende Menschenart; der Schweinswal wandert in die Ostsee ein.
Pleistozän	1,8 bis 0,0117 Millionen Jahre	Eiszeitalter; ***Homo sapiens*** erscheint auf der Bildfläche. Die heutigen Walgattungen haben sich bereits entwickelt: **a) Zahnwale: Schweinswale,** Delfine, Gründelwale, Gangesdelfine und andere Flussdelfine, Pottwale, Schnabelwale; **b) Bartenwale:** Glattwale, Grauwale, Furchenwale, Zwergglattwale.

Epoche der Erdgeschichte	Zeit	Bemerkungen
Pliozän	5,3 bis 1,8 Millionen Jahre	Erstes Auftreten der Gattung ***Homo* (Mensch)**; erste Schweinswalform wandert vom Nordpazifik in den Nordatlantik ein.
Miozän	23 bis 5,3 Millionen Jahre	Bei den Zahnwalen erste Arten von **Delfinen** und **Schweinswalen**; Trennung zwischen Affen und ersten Vormenschen (Hominiden).
Oligozän	33,9 bis 23 Millionen Jahre	Wale in zwei Gruppen aufgespalten: **Bartenwale** und **Zahnwale**
Eozän	55,8 bis 33,9 Millionen Jahre	Vielfalt der Säugetiere und erste **Urwale (*Pakicetus*)**
Paläozän	65,8 bis 55,8 Millionen Jahre	Erholung des Lebens nach dem Massenaussterben der Dinosaurier.

10.4 Wie lassen sich die Schweinswale systematisieren?

Mit Kenntnis der zuvor beschriebenen Evolution der Wale lassen sich die Schweinswale nun folgendermaßen systematisieren (siehe auch Kapitel 1): Schweinswale gehören zur Ordnung der Wale (Cetacea, von lateinisch *cetus* = großes Meerestier) mit den beiden Unterordnungen Zahnwale (Odontoceti) und Bartenwale (Mysticeti), die eine gemeinsame Abstammung haben. Die Wale wiederum gehören zur Klasse der Säugetiere (Mammalia). Die nächsten landlebenden Verwandten der Wale sind die zu den Paarhufern (Artiodactyla) gehörenden Flusspferde.

10.5 Evolution der Schweinswale

Der allgemeinen Evolution der Wale folgend, stellt sich nun die Frage, wer genau die Urahnen der Schweinswale sind.

Erhellung in dieser Frage kann der Germanist Johannes Albers geben. Johannes Albers hat nicht nur jahrzehntelange Erfahrung im Einsatz für Wale bei Greenpeace, sondern schreibt auch im Wale-Internetprojekt Cetacea.de über fossile Wale.

Wann tauchten die ersten Urschweinswale auf?

Johannes Albers: »Die verschiedenen Arten von Schweinswalen bilden in der Wissenschaft zusammen die Familie Phocoenidae. Sie reicht bis in die Zeit des Miozäns zurück. Damals entstanden die ersten Schweinswale im Nordpazifik: Das älteste bekannte Fossil ist der Schädel von *Salumiphocaena stocktoni*. Er wurde in Kalifornien (USA) gefunden und ist etwa 11 Millionen Jahre alt. Aber es muss bereits zuvor Schweinswalarten gegeben haben, die man bisher noch nicht kennt, weil man sie noch nicht gefunden und ausgegraben hat. Darauf deuten Funde von Japans Nordinsel Hokkaido hin: *Pterophocaena nishinoi* lebte zwar später als *Salumiphocaena*, vor etwa 9,3 bis 9,2 Millionen Jahren. Diese Art war aber noch urtümlicher gebaut als der Wal von Kalifornien. Ihr Knochenbau ist der ursprünglichste unter allen bekannten Schweinswalen und muss von einem Vorfahren ererbt gewesen sein, der noch früher lebte als *Salumiphocaena*.

Andere Funde von Hokkaido sind nur wenig fortschrittlicher: In der Zeit vor 6,4 bis 5,5 Millionen Jahren lebten *Archaeophocaena* und *Miophocaena*. Auch ihre Schädel, die nur teilweise erhalten sind, waren noch urtümlicher als der von *Salumiphocaena*.«

Wie verbreiteten sich die Schweinswale?

Johannes Albers: »Vom Nordpazifik aus verbreiteten sich die Phocoenidae weiter. Eine Wanderrichtung führte dabei die Küste Amerikas entlang nach Süden. So lebten bereits im späten Miozän *Lomacetus* und *Australithax* an der Küste Perus. Im frühen Pliozän hatte dann auch die Gattung *Piscolithax* Peru erreicht, deren miozäne Arten noch auf die Nordhalbkugel beschränkt waren. Heute leben im Süden Südamerikas der Brillenschweinswal und der Burmeister-Schweinswal (siehe hierzu Kapitel 1).

Es waren wohl Vorläufer des Burmeister-Schweinswals, die im Pleistozän (Eiszeitalter) von Südamerika aus wieder nordwärts bis in den Golf von Kalifornien gelangten. Als sich das Klima änderte und es um den Äquator herum zu heiß wurde, waren sie in dem Golf gefangen und entwickelten sich zu der heutigen Art *Phocoena sinus*, die man in Mexiko Vaquita nennt.

Es wanderten aber nicht alle Schweinswale vom Nordpazifik nach Südamerika. Manche blieben (bis heute) in ihrem ursprünglichen Verbreitungsgebiet im Nordpazifik. Aus dem frühen Pliozän Hokkaidos kennt man z. B. verschiedene Arten der Gattung *Haborophocoena* und die Art *Numatophocoena yamashitai*, die 2,20 Meter lang wurde und damit so groß wie die größte heutige Schweinswalart, nämlich der Dall-Tümmler. Auch er lebt im Nordpazifik und ist eine Hochseeart, während andere Schweinswalarten Küstenbewohner sind.

Eine andere Art ist heute von Japan aus die Küsten Asiens entlang bis nach Pakistan verbreitet, hat sich also an tropisch warme Gewässer angepasst. Es ist der Finnenlose Schweinswal, der in China auch in das Süßwasser des Jangtse vorgedrungen ist.

Eine ganz andere Richtung nahm eine weitere Schweinswal-Wanderung im Pliozän: Sie führte vom Nordpazifik aus durch das heutige Nordpolarmeer in den Nordatlantik. Dort ist die frühste bekannte Schweinswalform der *Braboce-*

tus gigaseorum aus Belgien, 4,4 bis 5 Millionen Jahre alt. Eine weitere Einwanderungswelle aus dem Pazifik führte im späten Pliozän oder im Pleistozän dazu, dass der heutige Gewöhnliche Schweinswal (*Phocoena phocoena*) den Nordatlantikraum erreichte. Hier lebt er heute an den Küsten Nordamerikas und Europas. Nach dem Ende der letzten Eiszeit, als die Gletscher zurückgewichen waren, eroberte er sogar die Ostsee. Einige Vertreter sind heute am Nordrand des Schwarzen Meeres ähnlich gefangen (weil sie nicht mehr durch das zu warm gewordene Mittelmeer kommen können), wie ihre Gattungsgenossen im Golf von Kalifornien.

Dass die Erforschung fossiler Schweinswale in jüngster Zeit richtig in Schwung kommt, zeigt eine Übersicht, wann welche Arten erstmals in der Fachliteratur beschrieben wurden:

1973 – *Salumiphocaena stocktoni* (damals unter anderem Gattungsnamen, umbenannt 1985)

1977 – *Piscolithax aenigmaticus* (damals erwähnt, aber noch nicht beschrieben und benannt)

1983 – *Piscolithax longirostris*

1984 – *Piscolithax boreios*

1984 – *Piscolithax tedfordi*

1986 – *Lomacetus ginsburgi*

1988 – *Australithax intermedia*

2000 – *Numatophocoena yamashitai*

2005 – *Haborophocoena toyoshimai*

2008 – *Septemtriocetus bosselaersi*

2009 – *Haborophocoena minutus*

2012 – *Pterophocaena nishinoi*

2012 – *Archaeophocaena teshioensis*

2012 – *Miophocaena nishinoi*

2014 – *Semirostrum ceruttii*

2015 – *Brabocetus gigaseorum* (Vorschlag 2014 zunächst: *Brabocetus gigasei*)

Fortsetzung folgt!«

11 Bildnachweise

Benke, Harald: S. 29/1, 29/2, 30/1
Bundesamt für Naturschutz (BfN), Fachgebiet Meeres- und Küstennaturschutz; Kartengrundlage: Seekarte 2920 »Deutsche Nordseeküste und angrenzende Gewässer«, herausgegeben vom BSH: S. 91
Czybik, Stefan, Schutzstation Wattenmeer: S. 76/2
Deutsches Meeresmuseum: S. 30/2
Fotolia Deutschland, Berlin, © www.fotolia.de: Bruyeu, Ryhor: S. 53; Dral, Magdalena: S. 57; Izzotti, Andrea: S. 139, 140; Zubenko, Laroslava: S. 22/2
Galas, Elisabeth, Bad Breisig: S. 13, 14, 15, 16/1, 16/2, 18, 19/2, 20/1, 20/2, 22/1, 27, 87, 116, 117, 119/1, 125, 131, 132, 146, 148, 149
Graner, Florian: Umschlagfotos und S. 12, 19/1, 33, 35, 49, 52/1, 52/2, 54/1, 54/2, 56, 58, 59/1, 59/2, 80, 86, 126, 134
Haelters, Jan, WDC: S. 76/1, 84
Helmus, Gert: S. 44
Hendriks, Johnny, ORES: S. 38/2, 46, 62/2, 65/1
Hochstetter, W., Aquarium Wilhelmshaven: S. 41/2, 49/2
Jensen, Thyge: S. 42/2, 43
Jureczko, Holger, GRD: S. 41/3, 47
Keil, Hans-Werner, Wasser- und Schifffahrtsamt (WSA) Bremerhaven, Stützpunkt Klippkanne: S. 48/1
Koschinski, S., Fjord & Bælt Center, Dänemark: S. 68
Langrock, Paul, Greenpeace: S. 99/1, 99/2
Lohrengel, Kathrin, IFAW-MCR: S. 69/1
Murrell, Duncan, WDC: S. 71, 77/1, 108
Ostsee Info-Center Eckernförde: S. 107
Pfander, Andreas: S. 31, 42/1, 45, 82, 109
Schutzstation Wattenmeer: S. 36, 37, 39
Sonntag, Ralf: S. 93, 94/1, 94/2
SOS Dolfijn: S. 111, 112/1, 112/2, 113, 114
Sylvestre, Jean-Pierre, ORCA-KANADA, WDC: S. 55, 144
Tscherter, Ursula, ORES: S. 23/1, 23/2, 40, 60, 61/1, 61/2, 62/1, 63/1, 63/2, 64, 69/2, 74, 96, 117/2
Wang, C. John Y., WDC: S. 38/1, 41/1
WDC, Whale and Dolphin Conservation: S. 65/2, 70, 85
Wenger, Sophia: S. 48/2, 50, 100, 101
www.leitfaden-design.com (mit freundlicher Genehmigung Deutsches Meeresmuseum): 129

12 Literatur und Links

Beckmann, M. & M. Haas (1993): Synchron-Zählung von Schweinswalen (*Phocoena phocoena*) vor Sylt: «Whale Watching» auf Sylt; ein Projekt der Naturschutzgesellschaft Schutzstation Wattenmeer e. V. mit Unterstützung der Umweltstiftung WWF-Deutschland. – Naturschutzgesellschaft Schutzstation Wattenmeer, 1993. 44 Seiten.

Behrmann, G. (2001): Der natürliche Hautschutz der Wale. Nachträge zur Anatomie des Zahnwalkopfes. – Heft 13 Nordseemuseum, Centre for Marine Research, Bremerhaven, Germany.

Benke, H. & R. Sonntag (1995): Bestand und Verteilung der Kleinwale in Nord- und Ostsee. – Meer und Museum 11: 13–20.

Benke, H., S. Bräger, M. Dähne, A. Gallus, S. Hansen, Ch. G. Honnef, M. Jabbusch, J. C. Koblitz, K. Krügel, A. Liebschner, I. Narberhaus & U. K. Verfuss (2014): Baltic Sea harbour porpoise populations: status and conservation needs derived from recent survey results. – Marine Ecology Progress Series 495: 275-290. biology.st-andrews.ac.uk: Kleinwale im Europäischen Atlantik: Ermittlung der Bestandsgrößen und der Bedeutung des Beifanges. – http://biology.st-andrews.ac.uk/scans2/documents/Project%20summary_German.pdf. URL aufgerufen am 10.06.2016.

Bruhn, R. (1997): Chlorierte Schadstoffe in Schweinswalen (*Phocoena phocoena*). Verteilung, Akkumulation und Metabolismus in Abhängigkeit von der Struktur. – Berichte aus dem Institut für Meereskunde Nr. 291, Kiel.

Cites.org (2015): Convention On International Trade In Endangered Species Of Wild Fauna And Flora. Notification To The Parties. No. 2015/050. – https://cites.org/sites/default/files/notif/E-Notif-2015-050_0.pdf

Culik, B. (2011): Odontocetes. The toothed Whales. - CMS Technical Series, No. 24, S. 161.

Czech-Damal, N., G. Dehnhardt, P. Manger & W. Hanke (2012): Passive electroreception in aquatic mammals. – J. Comp. Physiol. A. Springer Verlag Berlin, Heidelberg.

Delgado, L., M. Wahlberg & M.-A. Blanchet (2013): Behavioural development of a harbour porpoise (*Phocoena phocoena*) mother – calf in captivity. – The 10th Danish Marine Mammal Symposion Marine Mammals – from species to management units. April 19th–20th Natural History Museum of Denmark, Copenhagen. derstandart.at (2014): Kegelrobben machen Jagd auf Schweinswale – http://derstandard.at/2000008625614/Kegelrobben-machen-Jagd-auf-Schweinswale. URL aufgerufen am 10.06.2016.

Deutsches Meeresmuseum: http://www.deutsches-meeresmuseum.de/dmm/wissenschaft/schweinswale/forschungsprojekte/sichtungsprojekt; URL aufgerufen am 10.06.2016.

Deutsches Meeresmuseum: http://www.deutsches-meeresmuseum.de/dmm/stiftungdeutsches-meeresmuseum/wissenschaft/meeressaeugetiere/forschungsprojekte/ambah/?gclid=CjwKEAiAv-PGxBRCH3YCgpdbCtmYSJABqHRVwyVaioLxsD51udhEXlVuzUUJInYA9ji0Gyg6YeV3eNRoCpA7w_wcB. URL aufgerufen am 10.06.2016.

DUH (2015): Deutsche Umwelthilfe: Streitfall Meeresschutz. Allianz aus Umweltorganisationen verklagt Bundesregierung wegen fehlendem Meeresschutz in Nord- und Ostsee. – http://www.duh.de/pressemitteilung.html?&no_cache=1&tx_ttnews[tt_news]=3467&cHash=54dddc071198be240f63f2ca6cde2574; publiziert am 21.1.2015. URL aufgerufen am 10.06.2016.

Fjord & Bælt: http://www.fjord-baelt.dk/index.php/de/ueber/geschichte. URL aufgerufen im März 2015.

GEO: Walgesänge: Töne der sanften Riesen. – http://www.geo.de/_components/GEO/article/specials/walgesang/. URL aufgerufen am 10.06.2016.

GRD – Gesellschaft zur Rettung der Delphine e. V.: http://www.delphinschutz.org/delfine/gefahren-fuer-delfine/meeresverschmutzung. URL aufgerufen am 10.06.2016.

Heath, K. (2015): Mexico commits $37 million to world's smallest porpoise. – http://wildlifenews.co.uk/2015/02/mexico-commits-37-million-to-worlds-smallest-porpoise; URL aufgerufen am 29.10.2015.

Hippéli, R. & H. Heine (1981): Mikroanatomie. 2. Epithelgewebe. Aktuelle Ergebnisse und Hypothesen der Feinstrukturforschung als Diskussionsbeitrag von der medizinisch-wissenschaftlichen Abteilung der Gödecke AG.

IFAW (2011): IFAW-Forschungssegler untersucht Schweinswale in der Nordsee – http://www.ifaw.org/deutschland/node/21316. URL aufgerufen am 10.06.2016.

Japha, A. (1911): Die Haare der Waltiere. – Zool. Jahrbuch Jena 32, S.1– 42.

Kaspareit, G. (2014): Bedrohte Schweinswale. – http://www.nabu.de/themen/meere/walschutz/15248.html; publiziert am 26.08.2014. URL aufgerufen am 14.06.2016.

Kastelein, R. A. (1997): In: **Read, A. J., Wiepkema, P. R. & P. E. Nachtigall** (eds.): The biology of the harbour porpoise. Spil Publishers: Woerden.

Kinze C. C. & T. B. Sørensen (1984): Marsvinet Truede Dyr i Danmark. – Danmarks Naturfredeneingsforenings Forlag København.

Kinze, C. C. (1994): *Phocoena phocoena* (**Linnaeus**, 1758) – Schweinswal oder Kleintümmler (auch Braunfisch); E: common or harbour porpoise; F: marsouin. in **Niethammer & Krapp** (Hrsg.): Handbuch der Säugetiere Europas, Bd. 6, Teil 1A: Phocoenidae – Wiesbaden S. 241–264.

Koschinski, S. & K. Lüdemann (2012): Schallminderung beim Bau von Offshore Windparks. – https://www.bfn.de/fileadmin/MDB/documents/themen/meeresundkuestenschutz/downloads/Fachtagungen/Schallschutz-Bau-Windparks-2012/06_Koschinski_Luedemann.pdf. URL aufgerufen am 14.06.2016.

Krapf (2006): Walforschung am St. Lorenz Strom. Forschungsbegleitung bei ORES. – http://www.cetacea.de/artikel/feature/2006/ores.htm; URL aufgerufen am 10.06.2016.

Lexikon der Biologie, Spektrum Akademischer Verlag, Heidelberg, 1999.

Lockyer, C. (1995): Aspects of the Morphology, Body Fat Condition and Biology of the Harbour porpoise, *Phocoena phocoena*, in British Waters. Biology of the Phocoenoids. **A. Björg & G. P. Donovan (eds.): International Whaling Commission. The Red House, Station Road, Hinton, Cambridge S.** 199–209.

Moberg, E. (1964): Dringliche Handchirurgie. Stuttgart: Thieme Verlag.

Mohr, E. (1931): Die Säugetiere Schleswig-Holsteins. Aus dem faunistischen Arbeitskreis für Schleswig-Holstein, Hamburg und Lübeck. Herausgeben vom Naturwissenschaftlichen Verein in Altona-Elbe. C. Boysen Verlag Hamburg.

Murphy, S. (2009): Effects Of Contaminants On Reproduction In Small Cetaceans. – 17th ASCOBANS Advisory Committee Meeting, Bonn, Germany, 4-6 October 2010, Document 6-05. – http://www.ascobans.org/es/document/project-report-effects-contaminants-reproduction-small-cetaceans. URL aufgerufen am 10.06.2016.

OCEANO (2015): Mensch und Delfin – intelligente Lebewesen in zwei Welten. – http://www.oceano-whalewatching.com/mensch-und-delfin-intelligente-lebewesen-in-zwei-welten; publiziert am 24.10.2015. URL aufgerufen am 14.06.2016.

Reichholf, J. H. (2009): Rabenschwarze Intelligenz: Was wir von Krähen lernen können. – **Herbig, F. A.**

Rieger, A. (2013): Schweinswale endlich schützen! – https://www.greenpeace.de/themen/schweinswale-endlich-schuetzen; publiziert am 26.06.2013. URL aufgerufen am 14.06.2016.

SAMBAH: Static Acoustic Monitoring of the Baltic Sea Harbour Porpoise. – http://www.sambah.org.

SAMBAH: Static Acoustic Monitoring of the Baltic Sea Harbour Porpoise. –http://sambah.org/Background-Objectives.htm; URL aufgerufen am 10.06.2016.

SCANS-II – Small Cetaceans in the European Atlantic and North Sea. LIFE04 NAT/GB/000245. – http://ec.europa.eu/environment/life/project/Projects/index.cfm?fuseaction=search.dspPage&n_proj_id=2621&docType=pdf. URL aufgerufen am 10.06.2016.

Schmidt, R. & B. Hussel (1994): Beobachtung von Schweinswalen von Fähren zwischen den Inseln Rømø, Dänemark, und Sylt, Deutschland im Sommer. – Seevogelrettungs- und Naturschutzforschungsstation Sylt, S. 1–6.

Schmidt, R. & B. Hussel (o. J.): Einige Aspekte des Sozialverhaltens von Schweinswalen (*Phocoena phocoena*) wie einige Beispiele von Interaktionen von Schweinswalen auf der einen und Vögeln, Robben und Menschen auf der anderen Seite, beobachtet am Strand der Nordseeinsel Sylt, Deutschland. – Seevogelrettungs- und Naturforschungsstation Sylt, e. V.

Schulze, G. (1996): Die Schweinswale. Familie Phocoenidae. – Die Neue Brehm-Bücherei Band 583. 2. Aufl., Westarp Wissenschaften, Magdeburg.

Siebert, U. (1999): Potential relation between mercury concentration and necropsy findings in small cetaceans from German Waters of the North and Baltic Sea. – Marine Pollution Bulletin 38(4): 285-295.

Sonntag, R. P., Benke, H., Hiby, A. R., Lick, R. & D. Adelung (1999): Identification of the first harbour porpoise (Phocoena phocoena) calving ground in the North Sea. – Journal of SEA Research 41: 225–232.

Soury, G. (2008): Wale, sanfte Riesen der Meere. – Paris, S. 75–76.

Themendienst Deutsches Meeresmuseum (2014): Die Vermessung der Wale: Mit Schall-Detektoren den Schweinswalen auf der Spur. – https://deepwaveblog.wordpress.com/2014/01/22/vermessung-wale-schall-detektoren-schweinswalen-spur-17619149. Publiziert am 22.01.2014.

Tomilin, A. G. (1957): Mammals of the U.S.S.R. and adjacent countries. Vol. 9 Cetacea (in Russia). Izd Akad. Nauk. S.S.S.R. Moscow Pp 756, English Translation 1967 by Israel Program for scientific translation, Jerusalem, Pp. 647.

Tomilin, A. G. (1978): Wundertier Wal? Verlag MIR Moskau, Urania Verlag Leipzig, Jena, Berlin. S. 94–108.

Utrecht, W. L. van (1960): Einige Notizen über Gewicht und Länge von Schweinswalen (*Phocoena phocoena*) aus der Nord- und Ostsee. – Säugetierkunde Mitt. 8: 157–162.

Veit, S.-M. (2015): Schutz der Schweinswale: Sylter Außenriff wird geschützt. – www.taz.de/!5218154/. Publiziert am 6.8.2015.

WDC (2015): http://de.whales.org/themen/ausstellung-die-letzten-300-in-stralsund; publiziert im Januar 2015. URL aufgerufen am 14.06.2016.

Wechsler, D. & C. Bondy (1964): Die Messung der Intelligenz Erwachsener. – Bern: Verlag Hans Huber.

Wehrmeister, E., Ulrich, A., Danehl, S., Lehnert, K., Schmidt, K., Hillmann, M., Siebert, U., Vietinghoff, C. von & H. Benke (2013): Lebensraumverbesserung des Ostseeschweinswales. Bericht an die Naturschutzstiftung Deutsche Ostsee – OSTSEESTIFTUNG. Institut für Terrestrische und Aquatische Wildtierforschung der Stiftung Tierärztliche Hochschule Hannover. – www.ostseestiftung.de/uploads/media/Bericht_Ostseeschweinswal.pdf. URL aufgerufen am 10.06.2016.

13 Register

SCHÜTZEN SIE
mit uns Wale und Delfine!
whales.org
WHALE AND
DOLPHIN
CONSERVATION
WDC

WDC – Whale and Dolphin Conservation

Wir

- sind die größte gemeinnützige Organisation, die sich ausschließlich dem Schutz von Walen und Delfinen und ihrem Lebensraum verschrieben hat
- wurden 1987 gegründet und sind seit 1999 in Deutschland aktiv
- haben mit Büros in Großbritannien, Argentinien, Australien, Deutschland und den USA ein weltweites Netz von ExpertInnen und WissenschaftlerInnen geknüpft, um Wale und Delfine zu erforschen und zu schützen
- arbeiten politisch unabhängig und finanzieren unsere Arbeit vor allem über Spenden.
- sind davon überzeugt, dass jeder Wal und jeder Delfin das Recht auf ein freies und sicheres Leben hat.

Wir von WDC Deutschland

- setzen uns mit dem Projekt „Walheimat“ für das Überleben der letzten Schweinwale in der zentralen Ostsee ein. Die dortige Schweinswalpopulation wird auf nur noch wenige hundert Tiere geschätzt.
- kämpfen dafür, dass die bei uns heimischen Schweinswale vor zerstörerischen und gefährdenden Aktivitäten geschützt werden. Dazu gehören vor allem Stellnetze und Unterwasserlärm, aber auch Meeresverschmutzung, Überdüngung, Überfischung, Rohstofferkundung und –abbau, Schiffsverkehr, militärische Übungen und Störungen durch den Tourismus.
- haben zusammen mit Partnerorganisationen den Kreativwettbewerb „Die letzten 300“ initiiert. Die Ergebnisse sind in einer Ausstellung zu sehen, für die die Bundesumweltministerin die Schirmherrschaft übernommen hat.

Mehr zum Schweinswalschutz auf **whales.org/schweinswal**

Foto: Duncan Murrell